聪明却暴躁的孩子

如何提升孩子的情|绪|自|控|力

朱秀婷 —— 编著

民主与建设出版社
·北京·

©民主与建设出版社，2022

图书在版编目（CIP）数据

聪明却暴躁的孩子：如何提升孩子的情绪自控力 /
朱秀婷编著. — 北京：民主与建设出版社，2022.3（2024.3重印）
ISBN 978-7-5139-3785-6

Ⅰ.①聪… Ⅱ.①朱… Ⅲ.①情绪－自我控制－青少
年读物 Ⅳ.①B842.6-49

中国版本图书馆CIP数据核字（2022）第046506号

聪明却暴躁的孩子：如何提升孩子的情绪自控力
CONGMING QUE BAOZAO DE HAIZI RUHE TISHENG HAIZI DE QINGXU ZIKONGLI

编　　著	朱秀婷	
责任编辑	刘树民	
封面设计	松　雪	
出版发行	民主与建设出版社有限责任公司	
电　　话	（010）59417747　59419778	
社　　址	北京市海淀区西三环中路10号望海楼E座7层	
邮　　编	100142	
印　　刷	三河市宏顺兴印刷有限公司	
版　　次	2022年3月第1版	
印　　次	2024年3月第2次印刷	
开　　本	880mm×1270mm　1/32	
印　　张	5	
字　　数	136千字	
书　　号	ISBN 978-7-5139-3785-6	
定　　价	36.00元	

注：如有印、装质量问题，请与出版社联系。

扫码听书

写给孩子们

情绪就像一个淘气的小精灵，会经常跟我们开玩笑，有时候让我们开心，有时候让我们难过，有时候让我们生气。当情绪来"捣乱"时，会让我们方寸大乱，大发脾气，完全不像一个乖孩子的模样。我们自己也会很纳闷，我为什么会这样呢?

其实，情绪是由我们大脑的杏仁核产生的。当外部刺激发生时，大脑杏仁核就会启动应急机制，给我们发出预警，让我们规避危险。这时，我们就会产生各种情绪反应。

同时，杏仁核会把信息同步发送到我们大脑的新皮层，由大脑前额叶做出分析判断，决定要不要有那么强烈的情绪反应。

这说明，我们的很多情绪都是由大脑杏仁核根据外部刺激产生的，同时，我们的大脑皮层会对情绪做出管理。可是，因为我们还在成长阶段，管理情绪的前额叶还没有发育成熟，大脑自动管理情绪的能力还不够完善，因此，我们会经常受情绪影响。

那我们能不能主动来管理好这些情绪呢? 完全可以。本书通过一系列生活场景，来给我们解读如何管理自己的情绪，使我们不受情绪左右。每一个场景都是我们在成长中会遇到的情况，针对这些情况，通过"成长中的烦恼""我会这样想""自我管理能力训练""成长问答""小贴士"几部分，使我们可以轻松自如地学习各种情绪管理小方法，提升我们的情绪管理能力。

本书图文并茂，采用新颖的版面设计。每一个小板块都很有意思，内容精练，并配有根据内容绘制的精美插图。书中每一幅插图都是画家根据脚本绘制而成，非常珍贵。可爱的卡通人物形象，会让大家忍俊不禁，仿佛就是自己和周围人的日常形象，好玩、有趣。这是专门献给大家的一份成长礼物，相信大家拿到这本书会很喜欢。

拿破仑说，能控制好自己情绪的人，比能拿下一座城池的将军更伟大。让我们在轻松愉快的阅读中，学会管理自己的情绪，成为自己情绪的主人，开心快乐地健康成长。

2021 年 10 月

目录
CONTENTS

1

第三篇 能管理好情绪才能更优秀

第一篇

认识我们的情绪

情绪就像住在我们心里的小精灵，时不时调皮捣蛋。有时候让我们开心，有时候让我们烦恼。我们来一起认识它，与它交朋友吧！

1 什么是情绪

今天早上，我听了一首好听的歌曲，特别愉快；吃了一顿美味的营养早餐，特别开心；上学路上堵车了，心里好着急；在学校被同学冤枉了，感到很生气；老师说明天要摸底考试，心里好紧张；晚上不小心把心爱的玩具摔坏了，我都想哭了。这一天，我的心情就像坐过山车一样，变化好大！

这些心情都是情绪的具体表现。情绪就像一个住在我们每个人心里的小精灵，时时影响着我们的心情。这个小精灵有时会让我们心情愉快，有时会让我们伤心。今天我们就来认识这个小精灵，看看它是怎样影响我们心情的吧。

今天是阴天，我不开心。

小明拿我东西不还，我很生气。

妈妈对我发脾气了，我很难过。

　　这些都是情绪的表现。情绪包括积极情绪和消极情绪，积极情绪让我们心情愉快，消极情绪让我们感觉不舒服。今天我们就来认识这些情绪吧！

我会这样想

　　天气有阴晴是很正常的，我想一些开心的事情，不受天气影响。

1

　　小明拿我东西不还不是什么大事，我会友好解决的。

2

　　是我做错了，还是妈妈误解我了呢？回头我同妈妈谈谈吧，这样就能弄清楚了。

3

1 观察自己的情绪

观察自己一天中都有哪些情绪，把它们记录下来。分析一下，是什么原因造成了自己的情绪变化。

2 观察同学的情绪

观察邻桌同学，他一天中都表现出了哪些情绪？积极情绪多还是消极情绪多？记录下来告诉他。

3 观察爸爸妈妈的情绪

观察爸爸妈妈一天中都有什么情绪，是什么原因引起他们的情绪变化，把这些情绪记录下来，告诉他们。

4 回顾自己的情绪变化

回顾一下，自己一天中哪种情绪多。分析自己的情绪变化与哪些因素有关。

成长问答 >> 什么是情绪?

　　情绪是我们对外部刺激,以及我们的需要是否得到满足的反应。我们每天都会受外部事物的刺激,因此每天都会有各种情绪反应。当我们的需要得到满足时,就会产生积极的情绪反应,比如高兴、满足;当我们的需要得不到满足时,就会产生消极的情绪反应,比如失望、懊恼等。我们的需要是多种多样的,因此,我们的情绪反应也是多种多样的。

　　情绪就像一个小精灵,时时影响着我们的心情。情绪又像我们的孪生兄妹,与我们如影随形,有时候让我们开心,有时候让我们烦恼。如果我们想和情绪友好相处,就要认识它,揭开它的神秘面纱。

小贴士
TIPS

记录自己的情绪

　　画出一个月的情绪表,左边标出日期,表头列出各种情绪。把每天的情绪在相应的位置标记下来。过半个月总结一下,自己哪些情绪多,哪些情绪少,以便帮助自己了解自己的情绪变化。

我的情绪表

时间	开心	忧虑	愤怒	恐惧
月 日				
月 日				
月 日				
月 日				
月 日				
月 日				
月 日				

2 情绪分为哪些形式

　　每天与同学们玩耍的时候，是我最放松和开心的时刻。要是每天都能够这么开心就好了。可是，总是有心情不好的时候。我想知道，情绪都有哪些表现形式呢？

　　情绪可以分为积极情绪和消极情绪两大类，积极情绪包括兴奋、喜悦、满足等；消极情绪包括生气、伤心、害怕、厌恶、害羞等。我们可以有意识地去感受这些情绪，了解哪些是积极情绪，哪些是消极情绪，了解这些情绪对我们有什么影响，这样，我们才能对情绪有一个大概认知。

成长中的烦恼

语文考了85分，我有些失望。

邻桌把我的书撕破了，我很生气。

我妈妈生病住院了，我很担心。

这些都是消极情绪。消极情绪带有很大负能量，会影响自己的心情，让我们陷入不愉快的精神状态。我们能做的，就是创造积极情绪，改变消极情绪，让自己快乐起来。

我会这样想

一次没考好没有什么大不了的。这次没考好，我总结经验教训，争取下次考好。

我想他应该不是故意的，所以没必要生气。粘好了还可以再用，原谅他吧。

医生会把妈妈治好的，不用太担心。我把学习搞好，就是对妈妈的支持。

① 在生活中感受各种情绪

就像一个旁观者那样看着自己的情绪变化，一会儿开心、一会儿不高兴、一会儿紧张，这样冷静旁观的态度能够帮助自己更好地了解情绪。

② 感受身边人的情绪变化

了解身边的人情绪变化的原因，看他们出现 不同情绪时的状态，体会他们的感受。

③ 体会故事中人物的情绪变化

了解故事人物情绪变化的原因，以及这些情绪对他们性格和人生的影响。

④ 主动创造积极情绪

做一些让自己和他人高兴的事情，体会为什么这些事情会让自己和他人感到高兴。

成长问答 >> 情绪分为哪些形式？

情绪共分为八种基本类型：快乐、愤怒、悲伤、恐惧、爱意、惊讶、厌恶、羞耻。每一种类型可细分为四种形式：

快乐：愉快，满足，开心，兴奋。　**愤怒**：委屈，生气，对抗，暴怒。

悲伤：沮丧，抑郁，痛苦，绝望。　**恐惧**：紧张，担心，害怕，慌乱。

爱意：友善，慈悲，喜欢，热爱。　**惊讶**：好奇，惊疑，吃惊，震惊。

厌恶：不悦，讨厌，厌恶，痛恨。　**羞耻**：害羞，自卑，内疚，惭愧。

这八种基本情绪类型，除了快乐和爱意属于积极情绪，惊讶属于中性情绪，其他五种都属于消极情绪，说明消极情绪的力量很强大。要想不受消极情绪干扰，就要学会用积极情绪来管理消极情绪，做自己情绪的调节师。

小贴士 TIPS　　情绪受哪些因素影响？

1. 情绪受人体生物钟的影响。我们身体内有一个生物钟，调节着身体的节律，如果生物钟紊乱了，就会引起情绪的巨大波动。

2. 天气变化的影响。阴雨天气容易导致人们情绪低落，不开心。

3. 不良生活习惯的影响。睡眠不足，大脑疲劳，容易使大脑多巴胺分泌不足，从而导致我们情绪消沉。

4. 压力的影响。学习和生活中的压力，会直接影响我们的情绪。

5. 突发事件的影响。生活中发生的意外事情，容易影响我们的情绪。

3 情绪是从哪里产生的

　　周末，我和同学们在草地上踢球玩，特别开心。为什么玩耍时我很开心，而遇到麻烦事时我不开心呢？这些情绪是怎样产生的呢？难道我的脑袋里住着一个小精灵，管着我的情绪吗？

　　我们大脑里确实有一个神秘的"小精灵"管理着我们的情绪，它们就是我们的情绪脑和大脑皮层。什么是情绪脑和大脑皮层呢？它们又是如何产生和管理我们的情绪呢？在下面的"成长问答"里可以找到答案。

我为什么有时候会害怕？

我的情绪是从哪里产生的？

情绪是如何产生的呢？

　　位于大脑中央的边缘系统就像一个内置的储存卡，存储着大量的情感记忆，包括积极情感和消极情感，这些情感强烈影响着我们的情绪状态，使我们表现出不同的情绪。

我会这样想

　　害怕情绪是我遇到了或者想象到了可怕的事情，在大脑里引起的情绪反应。

1

　　情绪是由大脑的杏仁核、海马体、下丘脑等边缘系统产生的。

2

　　当我遇到危险的情况时，大脑杏仁核就会预警，让我本能地感到害怕，从而规避风险。

3

① 体会快乐情绪

快乐是内心充满兴奋、喜悦和满足的一种积极情绪。当我们感到快乐时，是不是内心就充满活力，身体充满力量，大脑富于创造性呢？

② 体会愤怒情绪

愤怒是心中怒火中烧、带有很大破坏力的一种负面情绪。当我们发怒时，是否感到失去了理智和自控力了呢？

③ 体会害怕情绪

害怕是在面临危险、感到无能为力时的一种紧张情绪。当我们害怕时，是否感到内心慌乱、不知所措、很缺乏安全感呢？

④ 体会悲伤情绪

悲伤是由失去或者分离引起的一种痛苦、伤感的情绪。当我们处于悲伤情绪中时，是否感到柔弱、孤单和无助呢？

成长问答 >> 情绪是从哪里产生的?

我们的脑结构包括爬虫脑、哺乳动物脑、大脑新皮层三部分。

爬虫脑又称为本能脑,在我们脑袋最里面,对应着脑干和小脑,连接着脊椎根部,本能地管理着我们身体各器官的运转,比如呼吸、心跳、血压、睡眠、血液循环,不用我们参与。

哺乳动物脑又称为情绪脑,在脑袋中间,对应着丘脑、大脑杏仁核、海马体等边缘系统,负责感知、记忆和情绪。其中杏仁核负责创造情绪,并产生相关的记忆。

大脑新皮层又称为理性脑,或者大脑,在脑部的最外层,主管着高级思维活动。新皮层占总脑容量的三分之二,根据功能不同分为几个脑区。其中前额叶是大脑的"司令部",控制着高级认知功能,负责着情绪管理和行为管理。

小贴士 TIPS

各脑区是如何协同来管理情绪的?

当我们看到一条像蛇一样的东西,杏仁核马上预警:危险!本能地产生害怕情绪。同时,杏仁核把信息传递到大脑皮层,大脑皮层立即做出分析判断:是蛇还是绳子?哦,是绳子!于是立即解除预警,我们的紧张情绪就消除了。在这个过程中,杏仁核负责产生情绪,大脑皮层负责做出理性判断,理性地管理着我们的情绪。

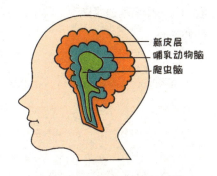

新皮层
哺乳动物脑
爬虫脑

人类大脑基本结构图

4

小朋友为什么会情绪波动

　　每天放学回家，奶奶都会给我准备很多好吃的。当我吃着各种美食，和奶奶聊着天，在学校的各种不愉快就会一扫而空，代之以放松和开心。我的不快情绪就是这样说来就来，说走就走。奶奶说我是小孩子的脸，说变就变。

　　同学们有各种情绪波动是正常的。我们知道，大脑的前额叶主管着人的情绪，但我们要到23岁左右，前额叶才能发育成熟。因此，在我们成长的过程中，肯定会出现各种情绪波动。不过，随着年龄的增长，我们的前额叶不断发育成熟，我们对情绪的管理能力就会不断提高。毫无疑问，我们会越来越善于管理自己的情绪。

我不知道为什么有时候会不高兴。

我每天都会经历高兴和不高兴的情绪。

我遇到不高兴的事情时，很难管理好自己的情绪。

　　我们大脑的前额叶还在发育过程中，管理情绪的能力还不够强，所以，我们会出现情绪波动，这是一种正常现象。当自己不开心时，换一个角度看问题，避免长时间沉浸在负面情绪中。

我会这样想

　　我不高兴是因为遇到了不开心的事情，这是大脑的一种正常情绪反应，不用烦恼。

1

　　这是因为我们小朋友大脑前额叶还在发育阶段，管理情绪的能力还不够强。

2

　　当我不高兴时，主动想一些开心的事情，心情就会好起来。

3

① 理智面对问题

我们一些同学遇到麻烦事时，容易冲动，喜欢用拳头解决问题。如果想要管理好自己的情绪，就要先让自己冷静下来。等我们克服冲动之后，控制情绪的能力就大大提升了。

② 宣泄不良情绪

当遇到不愉快的事情时，不要埋在心里，通过找人诉说把这种情绪释放出来，也可以通过运动发泄出来，这样自己就轻松多了。

③ 主动寻求帮助

当遇到困难时，主动寻求老师、同学和家人的理解和帮助，这样可以提升克服困难和挫折的信心和勇气。

④ 学会放松自己

当感到烦恼、害怕时，可以通过深呼吸放松自己。就是深深地吸气，慢慢地呼气，让自己的身心放松下来。也可以用心理暗示的方法，告诉自己，我现在全身很放松，没有一点压力。

成长问答 >> 我们为什么会出现情绪波动？

　　从前文我们知道，人脑中有一个深层边缘系统，由丘脑、杏仁核、海马体等组成。这个系统一直在不停地工作，对外部刺激进行感知，产生相应的情绪反应。而我们大脑中负责管理情绪的前额叶还在发育过程中，还不成熟，这就导致负责产生情绪和管理情绪的两个系统不匹配，会导致我们情绪波动。再加上我们过了12岁，激素分泌增加，也会使我们的情绪容易波动。比如，遇到挫折容易情绪低落，遇到刺激容易冲动。

　　因此当自己突然生气和发脾气时，不用紧张，可以像看电影一样看待自己情绪的起落。

像看电影一样看待情绪的起落

　　当消极情绪来敲门，让我们感到不高兴、生气、甚至愤怒时，首先想一想：哦，这是一种负面情绪，我确实感受到了它的存在，我先接受它。然后想想：是什么原因造成我不高兴呢？是我的原因还是别人的原因？大度地原谅自己或者别人吧。当自己站在一个旁观者的角度冷静地观察情绪、分析情绪时，就能够理性地管理好自己的情绪了。

5 有了消极情绪怎么办

　　我很想每天都高高兴兴的，可是总会有一些事情让我不开心。当烦恼的情绪出现时，我的心里就像有一匹脱缰的野马，在那里狂奔。我很想发脾气，很想大闹一场。可是我如果那样做，别人就会说我不是好孩子。所以，我只能心里默默忍受，不把脾气发出来。唉，当一个好孩子太难了。

　　我们小朋友每天确实会有一些不愉快的情绪，那我们应该怎么办？默默忍受，还是发泄出来？消极情绪都有一定的副作用，如果在心里积累太多，就会潜移默化地影响我们的身心健康。所以，有了情绪，我们就要接纳它，合理发泄它，管理它，让情绪成为我们的小帮手。

成长中的烦恼

妈妈说我不如邻居家的孩子优秀，我真生气。

数学考砸了，我很难过。

被同学冤枉了，真想同他干一架。

　　谁都会有情绪。但情绪上来时，不能陷入情绪的旋涡，而是要学会接纳它、管理它，让情绪成为我们的朋友。

我会这样想

　　当听到负面评价时，告诉自己，没有什么大不了的。放松自己，让心情保持平静。

1

　　很难过时，我会大哭一场，或者换换环境，听听音乐，释放难过的情绪。

2

　　冲动不是解决问题的好办法，可以同他讲理呀，还能顺便锻炼自己的口才。

3

① 找出情绪的源头

先冷静下来，想想是什么原因让自己不高兴的。这样做可以帮助自己分析伤心有没有必要。

② 转换思维方式

很多消极情绪的产生都与思维方式有关。如果换一种思维方式想问题，自己也许就不会那么难过了。

③ 变换环境，转化情绪

如果消极情绪一直改变不了，就换换环境，到室外呼吸一下新鲜空气，放松身心。

④ 出去运动，释放压力

运动能够让紧张的情绪得到释放，身心回到平和状态。同时，运动可以释放出大量多巴胺，使大脑兴奋，心情愉快。

成长问答 >> 如何接纳和转化消极情绪？

我们受到外界的不良刺激，就会产生消极情绪。消极情绪上来了，怎么办呢？我们需要正视它、接纳它，合理表达这些情绪！先告诉自己，我现在不高兴，我就与这种情绪待一会儿好了。然后想想，是什么原因让我不高兴呢？哦，我知道原因了。我有必要为这个事不高兴吗？没必要，我才不生气呢。出去玩一会儿，忘掉这个不愉快吧。这样，在玩耍中把不愉快的情绪释放出来。

感到生气时，转移注意力

当我们感到很生气，又不能管住自己的情绪时，就很想发脾气。怎么办？是爆发出来还是忍着不发？爆发出来吧，虽然情绪得到了宣泄，但发脾气、摔东西等冲动性行为总会引起不好的后果，给自己或者别人带来麻烦。忍着不发，又会让自己心里很不痛快，时间长了影响身心健康。那怎么办呢？其实，我们还有一种办法，就是转移注意力。看向窗外或者远处空旷的地方；通过深呼吸，调整自己的情绪；想一些开心的事情；出去运动一会儿，释放一下负面情绪；看看故事书、动画片让自己心情好起来。

如何表达我们的情绪

今天上学路上，一个送外卖的叔叔骑着电动车飞快地从我旁边开过去，差点儿撞到我了。我当时很生气，觉得他太不遵守交通规则了，真想骂他一句。但是我想到妈妈订外卖时，总是期望外卖叔叔早点儿送到，这个叔叔也许是急着送外卖，怕耽误时间了，才开那么快。这样一想，我也就不生气了，反而担心起他的安全来，喊道："叔叔，你慢点儿，注意安全！"

当消极情绪打扰我们时，我们应该怎么办呢？换个角度看问题，换个心境想问题，用积极情绪来管理消极情绪。这样，我们就能够改变自己的心情，让自己开心起来。

成长中的烦恼

我生气的时候真想骂人，这对不对呢？

我难过的时候很想大哭一场。

我在预感到危险时总是很紧张。

情绪是我们内心感受的真实反映，但我们在发泄自己的情绪时，尽量用合适的方式，以免造成与他人的情绪冲突，这样才能赢得别人的理解和认同。

我会这样想

生气时大脑最不聪明了，先深呼吸让自己平静下来，再解决问题。

①

特别难过，哭一场也没有关系，谁没有难过的时候呢。

②

我会告诉自己，很多时候，危险是自己想象出来的，并不真实，不要吓自己。

③

① 大哭一场

如果很想哭，就痛痛快快大哭一场，把自己心里积压的难过哭出来。哭出来以后，心里就舒服多了。

② 把烦恼告诉别人

找爸爸妈妈或者好朋友聊天，把自己心里的烦恼告诉他们，减轻自己内心的压力，心情就轻松多了。

③ 听听音乐转化情绪

通过听音乐把难受的心情转化出去。音乐具有很好的治愈作用，当心情不好时，听听轻音乐，心情就会好很多。

④ 出去运动释放情绪

运动可以释放心理的压力，使精神放松下来。而且，运动可以释放多巴胺，使神经系统兴奋，心情轻松愉快。

成长问答 >> 情绪有好坏吗?

情绪没有好坏。虽然我们把它们分为积极情绪和消极情绪，但每一种情绪的产生都代表了我们在特定情况下的感受和心情，都是因感受而发，所以，不能说哪种情绪好，哪种情绪不好。我们要尊重自己的感受，倾听自己的心声，识别哪些情绪对自己有益，哪些情绪对自己无益，合理地接纳和发泄情绪，让自己的身心处于一个舒服状态。

选好释放情绪的方法

如果自己心里有消极情绪，很想释放出来，可以向爸爸妈妈或者好朋友倾诉。旁观者清，他们能更冷静地看出问题的真相，从而帮助你分析问题，出谋划策。倾诉，是释放情绪的好办法。

情绪是自己的内心感受，我们在向别人表达情绪时，要使用友善的语言。这样既能获得别人的理解，乐意倾听，我们也释放了自己的消极情绪。

1. 什么是情绪?

_____

_____

2. 我们的情绪是从哪里产生的?

_____

_____

3. 大脑是如何管理情绪的?

_____

_____

4. 我们有了情绪时，应该怎么办?

_____

_____

5. 怎样表达自己的情绪更合适?

_____

_____

第二篇

纷纷扰扰的消极情绪

消极情绪如脱缰的野马，在我们内心左冲右突，使我们充满烦恼，也很容易造成人际关系紧张。怎么办呢？学会降低消极情绪的影响，让自己身心愉快！

7 上学要迟到了，老师会批评我吗

　　早上，我定的闹钟没有响，睡过头了。糟了，上学要迟到了。我匆忙洗漱完往学校赶，想象着老师批评我的样子，心里很紧张。好悬，总算在上课铃响的时候，跑进了教室。我告诉自己，今天晚上得早点睡觉，明天不能再睡过头了。

　　造成这种慌慌张张赶时间的原因，与我们时间安排不合理有关。为了避免把自己搞得紧张兮兮的，就要学会合理安排时间。紧急和重要的事情先做，不紧急和不重要的事情后做，这样就可以有条不紊做好每天的事情，使自己从容不迫地过好每一天。

成长中的烦恼

完了，我闹钟没有响，要迟到了。

老师一定会批评我，同学们会笑话我。

赶快往学校跑，好紧张呀。

很多同学都有过上学迟到的经历。这说明我们没有把时间安排好。吃一堑长一智，学会安排时间，就不会再这么紧张了。

我会这样想

从今天起就改变作息习惯，早睡早起，以后再也不迟到了。

1

担心过度是自己吓自己。以后放学先做作业，变被动为主动。

2

学会安排自己的时间，就可以避免慌慌张张、担惊受怕的局面。

3

① 学会放松自己

　　遇到令人紧张的事情时，用积极的心理暗示，让自己放松下来。头脑冷静才能专注于事情本身，想出解决问题的好办法。

② 主动管理时间

　　放学以后先做作业，不拖拉。如果等到睡觉前再做作业，不仅作业质量没有保障，也会给自己造成心理压力，影响睡眠质量。

③ 把事情分出主次

　　把事情分为重要、不重要、紧急、不紧急四类，每天先做重要又紧急的事情，再做不紧急的事情，最后做不重要的事情。如果没时间，可以不做不重要的事情。

④ 提前做好准备

　　任何事情都要提前做好准备。比如考试，如果提前开始复习，到考试时心里就不会那么紧张了。

成长问答 >> 如何安排自己的时间？

我们每天都有很多事情，可是时间就那么多，怎么办呢？这就需要制订计划，把事情分为重要、不重要、紧急、不紧急四类。比如，需要第二天交的作业，就是重要又紧急的事情，必须当天完成。需要三天后交的作业，就是重要但不紧急的事情，可以排在后面做。看电视是不重要的事情，可以做完作业之后再看。这样安排就很有条理了。

假如先看电视后做作业，到了睡觉时间作业没有做完，心里就会很有压力。所以，每天先做重要又紧急的事情，再做不紧急的事情，最后做不重要的事情就对了。

小贴士 TIPS

心理暗示可以消除紧张情绪

有时我们紧张都是因为在心里先假设了很坏的结果，并且害怕面对这个结果。如果我们换一个角度想：真出现了这种结果又能怎么样呢？又不是要命的事情，有什么好害怕的呢？这样一想，心里的紧张情绪就会消除很多。

然后试着放松自己。告诉自己，放松，从内到外放松，让紧绷的肌肉松弛下来。当你做这样的心理暗示时，感觉就会好多了。

8 演讲稿被同学抄袭了，好想发脾气

　　为了参加年级的演讲比赛，我精心写了一篇演讲稿。一位同学不会写，想借我的演讲稿看看，我出于好心就借给他了。正式比赛时，他在我前面演讲，没想到他的演讲内容竟和我的演讲稿一模一样。等到我演讲时，老师认为我抄袭了他的，把我淘汰了，他得了冠军！我真生气呀，恨不得找他打一架！

　　遇到这种事情，确实让人生气。但是别着急，找老师说清楚，让老师知道真实情况。即使结果不能更改，老师也知道他赢得不光彩。这件事情也是一次人生经历，让我们学会处理意想不到的事情，学会进行情绪管理。

成长中的烦恼

演讲稿被同学抄袭了，气死我了。

抄袭者居然得了冠军，太不公平了。

天底下有这样的同学吗？

愤怒是我们大脑对外界刺激的应激反应，是一种正常的情绪。但是愤怒的破坏力很大，所以我们要学会管理愤怒情绪，不要因为冲动而骂人、打架。

我会这样想

他抄袭我演讲稿，是他不对，我要找老师说明情况。

1

老师把冠军给他，是因为老师不知道实情，而且也证明了我的演讲稿写得好。

2

他也许不是故意抄袭我的，只是他不会写而已。他心里应该也很内疚吧。

3

自我情绪管理能力训练 >> 如何管理愤怒情绪？

① **给自己几分钟时间缓冲期**

深呼吸，降低愤怒的力度。用意念指导自己，从手指到脚趾一点点放松，从内到外放松，让收紧的身心放松下来。

② **安抚自己的愤怒情绪**

告诉自己：嘘，别紧张，这件事情会过去的，不用发脾气，我可以处理好这件事情的，相信自己。

③ **用理性的方式表达愤怒**

保持大脑清醒，理性表达愤怒。比如，把说话的音量降低，语速降低。不要骂人，不说侮辱对方人格的话。这样可以避免矛盾升级，有利于解决问题。

④ **寻求第三方介入解决问题**

如果自己没有能力解决面对的冲突，可以让第三方的人介入。第三方与谁都没有利害冲突，可以公正地解决问题。

当愤怒爆发时,人很容易做出攻击性的情绪反应,使摩擦升级,如大吵一架,甚至大打一架,造成很大破坏性。所以,当愤怒情绪上来时,可以先离开现场,回避与对方见面,让自己情绪慢慢平复下来。等到自己能够控制情绪时,再用冷静的态度与对方讲道理,这样有利于问题的解决。尽量不要说激怒对方的话,否则,本来自己有理,结果激怒了对方,使双方相互攻击,两败俱伤,得不偿失。

学会用智慧解决问题

化解冲突最好的方法是宽恕对方的行为。当一个同学犯错误时,因为自尊心的原因,可能不愿意当面承认错误。如果非让他道歉,会让他下不来台,故意跟你较劲。如果你宽恕他,反而会让他不好意思,认识到自己不对,主动承认错误。

忍让不代表软弱,是上上智慧,是不战而屈人之兵。给对方一个台阶,让对方有尊严地下台阶,他会从心里感谢你,尊敬你。所以,聪明的孩子,要学会用智慧解决问题,而不是用拳头解决问题。而且,你能宽恕别人,你的内心就会变得很开阔,不会为小事而烦恼。

9 马上要考试了，心里好紧张

　　每次考试之前，我都会担心没有复习好，考试会考砸。一想象到如果考不好，老师批评，同学们笑话，爸爸妈妈不高兴，我就变得很紧张。时间一长，我就有了考试焦虑症，一到考试就紧张。

　　很多同学出现考前紧张状态，都是由于心理压力太大造成的。其实，只要自己认真备考了，就不用太担心。越放松，会发挥得越好。退一步说，即使考差了又有什么关系呢？及时总结经验教训，改进学习方法，下一次就会考出好成绩。所以，不用太担心，放轻松就好了。

40　聪明却暴躁的孩子：如何提升孩子的情绪自控力

成长中的烦恼

我要是考不好怎么办？

我真担心把会的做错了。

要是考砸了，排名排到后面很丢人。

考前该复习的时候安心复习，准备得越充分，考试结果就会越好。当结果出来时，无论好坏，都坦然接受。

我会这样想

不想那么多，认真备考。复习得越充分，成绩就会越好。

1

我已经吃过粗心大意的亏了，这次考试一定要认真审题，不犯相同的错误。

2

只要尽心尽力把自己的真实水平考出来就行了，不用太在意排名。

3

① 提前做好准备

备考时要有计划、有重点地复习，查缺补漏，在弱科上多投入一些时间，这样才能有的放矢，胸有成竹。

② 保证营养和睡眠

越是复习备考时，越要保证每顿饭都吃好，每晚都睡足，给身体充好电，让自己精力充沛。

③ 学会冥想，放松身心

学习疲倦时，闭上眼睛，想象着自己身处大海边，耳边是海浪的声音，使身心处于无比宁静的状态。这样大脑就会放松，思维也会更加敏捷。

④ 给自己传递积极信息

给自己一个大大的微笑，想象着笑容从内心扩散开来，自信的力量也随着微笑从心里扩散开来，内心充满力量。

成长问答 >> 我们为什么会有考前紧张情绪？

　　主要是心里不自信。通常由以下因素导致：考前准备不充分，对考试没有把握；自己知识基础打得不牢；父母期望值太高，心理压力大；担心考试完的班级排名；把困难想象得太大，引起交感神经兴奋和肌肉紧张。

　　一般来说，适当的紧张有助于集中注意力投入备考，但是如果太紧张，就需要给自己减减压。告诉自己，考出自己的真实水平就可以了，成绩不好也没有关系。只要能够接受不完美的结果，心里就不会有那么大压力了。

通过自我对话缓解紧张情绪

　　当面临重大事情时，我们都会产生紧张情绪。这时，要学会自我对话。问自己："我为什么这么紧张呢？""出现了最坏的结果又会怎么样呢？"告诉自己："没有关系。没有什么大不了的。""不要追求完美。"这种对话可以帮助自己缓解紧张情绪，从容地做自己该做的事情。这样，反而能发挥自己的优势，把事情做好。

10 选择题做错了，好后悔

今天数学考试，有很多选择题，我感觉不少答案都模棱两可。我不能确定哪个答案是对的，只能猜了。我记得有一个小秘诀，就是如果不知道应该怎么选，就全都选 C，于是我把很多答案都选了 C。结果考完一对答案，发现很多答案都是 B，后悔得不行。我当时确实觉得一些答案应该是 B，结果碰运气都答错了。以后还是得好好学习，不能碰运气。

每个人都会有后悔情绪，这是对自己做错的事情进行自我反思的结果。后悔会使自己陷入深深的自责之中，但是后悔也是一种觉知，能使自己总结经验教训，避免再犯相同的错误。吃一堑长一智，能使自己变得更明智、更自律。

成长中的烦恼

我要是都选择 B 就好了。

我应该相信自己的直觉。

我怎么这么笨呢？

后悔只能给自己造成心理压力，没有积极意义。避免后悔最好的办法，就是平时踏踏实实学习，提前做好准备。准备得越充分，失误的概率就越低。

我会这样想

靠碰运气的猜题方法本身就是错误的，这是一种投机。再这么做，就鄙视自己。

1

即使都选择了 B，得了高分，也不值得自豪。这只是自己运气好，并不代表自己的真实水平。

2

让自己不再后悔的唯一办法，就是好好学习，把基础打扎实，下次考试争取考出好成绩。

3

 自我情绪管理能力训练 >> **如何避免后悔情绪？**

① 提前做好功课

在做任何事情之前，学会提前做好功课。准备工作做得越充分，做事成功的概率就越高，越不容易出错。

② 接受自己的真实水平

接受真实的自己。当我们学会承认自己的不足，并敢于去负起责任的时候，我们内心就会生出力量，就会主动学习，自我成长。

③ 允许自己不完美

不要在心里惩罚自己，给自己一个容错率。比如，允许自己有百分之二十的犯错概率，允许自己不完美。这样，即使结果不尽如人意，内心也不会太自责。

④ 善于总结经验教训

学会向失败学习。我们成长的过程就是一个不断犯错和纠错的过程。告诉自己，我知道自己错在哪儿了，下次不会再犯这种错误了！通过及时纠错，我们才能不断成长。

成长问答 >> 我经常后悔怎么办?

如果一个人经常感到后悔,就说明做事情的方法有问题,需要自我反思一下了。比如,早上该起床的时候还在犯困,说明睡眠时间不够,需要头一天晚上早点儿睡。可是你头一天晚上该睡觉的时候还在赶作业,不能按时睡觉。那就需要放学以后先做作业,不拖延。只要养成了按时完成作业的习惯,就不会再后悔没有按时睡觉了。再比如,你考试时总是有一些题不会做,那就是知识没学扎实,需要平时做好预习、复习,上课认真听讲,把知识点弄懂掌握住。只要经常反思自己的不足,改进学习方法,就能够不断进步。

小贴士 TIPS

允许自己不完美

我们大脑里从小就被父母、老师或者自己植入了"不要犯错"的指令,所以我们一旦发现自己错了,就会责备自己,在心里惩罚自己,这就是后悔。但是后悔本身不能解决问题,能从后悔中总结经验教训,让自己少出错,才是正解。

做错了事,对自己说:这次搞砸了,我认了。我会总结经验教训,不会再犯这种错误了!同时,给自己一个容错率,允许自己不完美。这样内心就可以安宁,更有信心完善自己。

11 妈妈批评我了，我很难过

今天早上妈妈不知怎么了，不分青红皂白就批评我，我很难过。我早饭都没有吃就上学了，一上午都很伤心，课也没有上好。妈妈怎么能批评我呢？她不是一个好妈妈。

有时候，妈妈会批评我们，让我们感到很伤心、难过。不过，我们可以冷静想一想，妈妈是很爱我们的，一定不会无缘无故批评我们。是不是我们确实做错事了？或者妈妈遇到了不开心的事情？回家跟妈妈聊聊，弄清事情的原委，学会理解妈妈。

妈妈不分青红皂白就批评我。

妈妈冤枉我，真不是个好妈妈。

我妈妈为什么没有别人的妈妈好。

　　妈妈是最爱我们的人，一直在用心呵护我们成长。因为爱得深，所以也管得多。试着理解妈妈的良苦用心吧。

我会这样想 ···

妈妈批评我，也许有误会，我跟妈妈谈谈，消除误会。

1

妈妈不会无缘无故批评我，我肯定有做得不对的地方，不能全怪妈妈。

2

世界上最爱我的是妈妈，无须和别人的妈妈比较。

3

① 先与负面情绪相处

假设你陷入了负面情绪中，很伤心，很难过，很生气。没有关系，你可以告诉自己，我现在不开心，就让不开心停留在这儿一会儿，然后感受这种情绪对自己的影响。

② 尝试放松自己

闭上眼睛，做 10 分钟深呼吸。深吸气，满呼气，让全身都放松下来，处于一种自在状态。

③ 改变不愉快的心情

如果感觉还是不开心，就尝试去改变它们。比如，吃一个冰激凌，想一些开心的事儿，听听音乐，让不愉快的情绪消散。

④ 用正面情绪影响负面情绪

露出笑容，想象着笑容像花儿一样从内心向外慢慢开放，慢慢开放，直到整个人像一朵花儿一样绽放出快乐。

成长问答 >> 是不是可以换一个角度看问题?

　　很多同学是被爸爸妈妈宠爱着长大的，从小没受过委屈。当被爸爸妈妈批评时，心里会很伤心，不能接受爸爸妈妈的批评。其实，我们可以换一个角度想一想，自己是不是有做得不对的地方呢？父母批评我们，是想让我们成为更好的自己。即使他们批评的方式不合适，也是真心想让我们好。如果想通了，是不是就不生气了呢？

　　有一个概念叫"跨栏定律"，意思是竖在你面前的栏越高，你能跳得也就越高。这说明一个人的成就大小取决于他所遇到困难的程度。父母批评我们，就是帮助我们克服自身的缺点，让我们变得更优秀。

理性看待妈妈的批评

　　有位同学因为妈妈批评她而离家出走了，把家人都吓坏了，到处寻找。她呢，走了很多路，实在太饿了，就走进一家餐馆，告诉餐馆老板，自己一天没有吃饭了。餐馆老板给她做了一碗面条，把她感动坏了。她边吃边说："谢谢您！您比我亲妈对我好。"老板说："孩子，我只是给你做了一碗饭，你妈妈可是用全部的心血养了你十几年，对你的付出无法衡量啊。"老板的一席话让她恍然大悟。

12

爸妈不在家, 我一个人很害怕

　　我可能是动画片看多了, 胆子很小。不敢单独睡一个房间, 不敢一个人在家, 不敢走漆黑的路, 总觉得有危险。我是胆小鬼吗? 我妈妈说我受动画片里面的情节影响太大了, 不安全感太重。

　　我们之所以会害怕, 是因为没有安全感。而没有安全感, 很多时候是自己吓自己。因此, 当有害怕心理时, 先分析为什么害怕, 如果这些害怕的情景是自己想象出来的, 就告诉自己: "没有什么可怕的, 我不怕!" 当内心变得强大时, 害怕情绪就会远离自己。

爸爸妈妈不在家，陌生人来了怎么办？

家里会不会有魔鬼？

万一突然发生火灾、地震，我怎么办？

当自己确实很害怕时，可以告诉妈妈自己害怕的原因。同时，告诉自己，害怕的情景是自己想象出来的，并没有那么可怕。

我会这样想

陌生人来了不开门就是了。自己的家自己做主。

世界上哪里会有什么魔鬼，那都是人们编出来的，不用吓自己。

这种事情发生的概率非常低，不用杞人忧天。为了心安，不妨学一些逃生知识。

1

2

3

① 告诉自己：我不怕

当自己很紧张时，告诉自己：自己害怕的事情并没有发生啊，我不怕。这样，心里就不会再那么恐慌了。

② 我会这样想

自己害怕的情景，很多是想象出来的，并不存在。只要转变认知方式，就知道自己害怕的很多事情根本不可怕。

③ 多参加集体活动

在集体中，可以学到很多本领，从而提升自信心和安全感。同时，在集体中可以交到很多朋友，有了朋友的陪伴和支持，自己心里也更有力量。

④ 客观评价自己

多肯定自己，相信自己的能力，这样内心就会有力量，不再怕这怕那。

成长问答 >> 我们为什么会害怕?

　　小朋友们会害怕，一是对未知的事物心里没底，担心自己处理不好；二是父母不在身边，没有安全感；三是有的家长为了让孩子听话，吓唬孩子，使孩子变成了胆小性格；四是看了暴力的动画片，大脑里反复播放那些画面，仿佛危险离自己很近。不论是哪个原因，都与自己大脑里的假设有关，是自己想象的可怕场景把自己吓住了。现实情况下，我们担心的事情百分之九十九都不会发生。所以，改变认知方式，就不再害怕了。

一起做心理实验

　　害怕心理的产生与曾经的心理感受有关。为了消除害怕心理，我们做一个小实验：把引起你害怕的各种情景分别写在不同的卡片上，然后按照害怕程度从轻到重摞在一起。把不太害怕的情景放在最上面，最害怕的情景放在最下面。全身放松，把上面的卡片拿起来，想象这个场景，体验害怕情绪。当你感到很害怕时，就放松自己。循环往复，直到自己完全不害怕为止。一张张体验下去，当你实验完最后一张卡片时，你就打败了所有害怕。

13 没有选上学习委员，好失落

这次班里竞选学习委员，我没有选上，心里很失落。我本来觉得自己能选上的，结果另一位同学选上了！我觉得他不如我，不知大家为什么选他。我感到很挫败，自信心很受打击。以后会被同学看不起吧？

这没有什么大不了的。换一个角度想啊，这是给自己提了个醒，告诉自己还有不足之处，今后有努力的目标了，是个好事儿啊。等自己足够优秀时，同学们肯定会选自己的，加油！

成长中的烦恼

没有选上学习委员，好失败。

这说明大家不看好我。

我真的这么差吗？

哈萨克族有一句名言："从摔跤中学会走路。"小时候我们是在摔跤中学会走路，今天我们是在挫折中学习成长。挫折是我们最好的陪练，经历过挫折，我们才能更好地成长。

我会这样想

没选上也没有关系，起码我参与了。我悄悄练"功夫"，争取下次成功。

1

我觉得自己很优秀，只是班级里优秀的同学很多，不可能每个人都上吧？

2

我的优点还是很多的，我会客观地看待自己。

3

① 在挫折中激发竞争意识

　　遇到挫折并不是坏事。适当的挫折可以激发竞争意识，唤醒内心里的拼搏欲望，使自己更加努力学习，从而提升自己的综合实力，成为更优秀的自己。

② 补齐短板

　　遭遇失败说明自己有不足之处，需要静下心找出不足。然后制订一个合理的计划，脚踏实地地好好努力，超越自我，成为更优秀的自己。

③ 在逆境中磨炼自己的意志力

　　谁都会遇到挫折，没有关系，挫折能锻炼我们的心理抗压能力。把挫折当成陪练，会使自己内心变得更强大。这样，就会在挫折中不断成长。

成长问答 >> 挫折是磨炼人格的好学校吗?

　　美国著名心理学家约翰·霍兰德说:"在最黑的土地上生长着最娇艳的花朵。"挫折是上天赐给我们的礼物,它让我们保持清醒的头脑,知耻而后勇,从而鞭策自己更加努力超越自我。挫折是一所学校,能磨炼我们的意志,使我们内心坚韧如钢,遇到困难不会被吓倒,反而敢迎难而上。所以,挫折是磨炼人格的最高学府。

名人应对挫折的故事

　　伟大的钢琴家贝多芬一生创作了9部交响曲,32首钢琴奏鸣曲和100多部协奏曲,其中《英雄交响曲》《命运交响曲》《田园交响曲》《第九交响曲》《月光奏鸣曲》《悲怆奏鸣曲》《热情奏鸣曲》都成为不朽的经典。令人难以置信的是,这中间的许多曲子是在贝多芬耳聋以后完成的。想象一下,一个需要听声音的钢琴家在无声的世界里完成了这些著名的钢琴曲,克服了多少困难!他说:"我要扼住命运的咽喉!"在他耳聋两年后,完成了《第九交响曲》,达到了人生最辉煌的顶峰。这种顽强的意志力非常值得我们学习。

14 因为家庭条件不好，我很自卑

　　我的一个同学经常炫耀他的爸爸妈妈能干，家里有各种好玩的东西。相比之下，我觉得我的爸爸妈妈既不能干，家里也不富裕，好像与别人家有天上地下之别。我感到好像低人一等，很自卑。上课时不敢发言，学校的活动也不敢积极参加。

　　自卑是严重不自信的一种消极情感。它会使自己变得心理脆弱，自我否定。实际上，我们丝毫不用有这些心理负担。同学家里有钱，也是他的爸爸妈妈创造的，并不是他创造的，你与同学在人格上是完全平等的。你可以通过努力学习，成为班里的学霸，用实力证明自己。

成长中的烦恼

我家里没有同学家里有钱。

我的爸爸妈妈没有同学的爸爸妈妈能干。

我家里没有钱给我买很多玩具。

假如自己都看扁自己，不给自己留机会，怎么期望别人给自己机会呢？要想成为了不起的人，就要把自卑从心里拔出来，扔得远远的，昂首挺胸做最好的自己。

我会这样想

每个家庭都各不相同，没有必要与同学的家做比较。自己感到幸福就够了。

①

爸爸妈妈靠辛勤工作挣钱养活我，对我恩重如山，我要感恩和爱他们。

②

我可以自己动手制作玩具。自己制作的玩具独一无二，还能锻炼动手能力。

③

① 贫困不是自卑的理由

谁家的财富都是父母创造的，不是孩子创造的。大可不必为家庭条件好坏而影响自己的尊严。我们与同学比也是比谁的能力强，谁会学习，谁会创新。

② 列出自己的才能

将自己的兴趣、爱好、才能、专长全部列在纸上，这样就可以清楚地看到自己所拥有的全部才能，增强自信心。

③ 重新认识自己

将自己会做的事情制成表格，贴在墙上。比如，自己擅长写作文，跑步很快，经常关心集体，会做手工等。可以从这些会做的事情中好好挖掘自己的潜能，发展自己的长项，使自己拥有一项或者多项本领。

④ 踩着自卑努力学习

每个人都会有不如人的地方，关键是看我们能否把这些因素变成自己奋斗的动力。有许多名人都是因为超越了自卑，最终取得了成功。我们要学习他们的这种精神。

成长问答 >> 自卑是一块绊脚石吗?

产生自卑大致有两个原因,一是孩提时代,自己没有学到很多本领,对自己的能力不够自信;二是从小家境不好,觉得不如别人,没有建立起自信心。

其实,自卑都是我们自己不够自信造成的,并不是我们真的不够好。自卑是挡在我们人生道路上的一块绊脚石,它会阻挠我们往前走。我们要尝试着一脚把它踢开,或者把它变成铺路石,踩着它走过去,这样我们就会越来越自信。许多名人都是踩着自卑,走在成功的路上。我们要多给自己一些积极的心理暗示,告诉自己,我一点儿也不比别人差。只要我努力,我可以变得很优秀。

小贴士 TIPS **这个小故事蕴含了一个什么道理?**

有一只毛毛虫,觉得自己长得又丑又笨拙,就对上帝说:"上帝啊,您拥有创造万物的神奇力量,为什么把我的人生造得这么可笑?前半生是又丑又笨拙的毛毛虫,惹人嫌;后半生是又漂亮又灵巧的花蝴蝶,惹人爱。为什么不平均一下啊?"

上帝说:"正是由于你前半生行动缓慢,我才让你生得丑陋,让人类不敢去碰你。你后半生拥有了蝴蝶迷人的样子,我才让你飞得快,这样别人才不会抓住你。"毛毛虫恍然大悟,原来一切都是有原因的。

1. 当你有紧张情绪时，你是怎么处理的？

2. 你很想发脾气时，通常会怎样做？

3. 如果做错事了，你会后悔吗？你是怎么做的？

4. 你不开心时，一般会干什么事？

5. 你害怕什么事？你是如何应对这些害怕情绪的？

6. 你有自卑的情绪吗？你觉得哪些因素让你自卑？

第三篇

能管理好情绪
才能更优秀

　　当我们选择纵容消极情绪的时候，消极情绪的力量就会非常强大。如果我们尝试去管理消极情绪，消极情绪就会变得温顺下来。

15 试着不发脾气

今天吃晚饭的时候，妈妈唠叨我不写作业，我很生气，把饭碗摔到地上了。妈妈总是这样，唠叨个没完。爸爸看见了，不仅没有安慰我，还批评了我，真是倒霉的一天。

我们虽然能通过发脾气发泄情绪，但是却不能通过发脾气解决问题，还让自己与妈妈的关系变得不和谐，得不偿失呀。换一个角度想一想，妈妈唠叨，是不是因为自己太拖拉了呢？我们是不是改变一下自己的习惯，放学以后马上做作业呢？如果我们能听进去意见，学会管理自己的情绪，不仅可以避免矛盾，还有助于问题的解决呢。

我的妈妈老是爱唠叨。

她一唠叨我就很烦。

我得通过发脾气让她知道，我不喜欢听她唠叨。

不论什么情绪，如果不能有效管理，都会干扰我们的正常生活。所以，学会换位思考，学会管理好情绪，就会使自己拥有和谐的家庭环境和人际关系。

我会这样想

1 妈妈也不是天生爱唠叨的人。她还不是对我负责才反复唠叨的？

2 当妈妈说我时，我应该听她反复强调的是什么，而不必在意她的态度。

3 只有亲妈才会那么在意我，盼我好。我不理解她，乱发脾气，不合适，会伤她的心。

自我情绪管理能力训练 >> **不发脾气的方法**

① **学会换位思考**

多站在对方的立场替他着想，就能理解对方想表达什么及为什么会这么说，也就能理性地做出情绪反应，而不至于动不动就火冒三丈。

② **自己安慰自己**

在情绪不好的时候，告诉自己：生活中有很多值得开心的事，不必为一些小事情影响自己的心情，每一天开心最重要。

③ **听音乐是很好的解压方式**

心情不好时听听旋律优美的音乐，在美好的意境中释放负面情绪，心情就能迅速好起来。

④ **到户外去运动**

踢球、跑步、与同学玩耍，在愉快的运动中忘掉烦恼。运动时大脑产生的多巴胺会使自己变得快乐起来。

成长问答 >> 如何释放压力

当负面情绪积累得过多，自己感到很生气、很难过，到了爆发的边缘时，就要把情绪释放出来，这样对身心有好处。但是，如何释放呢？我们需要用一种合适的方法。比如大哭一场；离开特定场景，让自己冷静下来；运动、听音乐、看动画片，转移注意力。这些都是释放负面情绪的好方法。

当平静下来之后，还是需要转换思维方式，让自己对外部事件的刺激脱敏，不要那么敏感。这样，心情就不会因为某一件事大起大落了。

我们的大脑是怎样管理情绪的？

我们的大脑对情绪实行双轨制管理。当我们遇到外部刺激时，大脑边缘系统的杏仁核就会本能地产生情绪反应——这些情绪反应本质上是动物适应生存环境的自然反应，比如看到一条像蛇一样的东西，我们就会本能地产生恐惧感。同时，杏仁核会将这个信息同步传入大脑新皮层，由前额叶做出判断：这是绳子还是蛇？如果发现是绳子，前额叶就会向杏仁核发出信号，让它停止过激反应。杏仁核通过条件反射形成情绪速度快，前额叶做出判断要滞后一点点，所以遇到外部刺激时，我们会先产生情绪，然后才会理性地管理它。

16 我可以不自卑吗

这一周班里组织演讲比赛，很多同学都报名了。虽然我也很想参加，但是我对自己没有信心，觉得自己没有这个能力，参加了也不会赢得名次，所以就放弃报名了。我是真的不自信呀！什么时候我才能像别人那样无所畏惧呢？

自卑犹如一扇关着的窗，把快乐的阳光挡在了外面。《自卑与超越》一书认为，自卑的人总是特别善于发现自己的缺点，以及生活中不利于自己的那一面，然后放大这些缺点，结果把自己吓得缩手缩脚。其实我们真没必要吓自己。

我觉得自己各方面都不如别人。

我没有别人唱歌唱得好听。

我学习成绩不如别人好，感觉低人一等。

当感到很不自信时，要把注意力关注在自己的优点上，了解自己的长处，然后去做自己擅长的事，并把它做到极致。这样，你的自信心就出现了。

我会这样想

世界上没有百分百完美的人，谁都有缺点，也都有优点。我要善于发现自己的优点。

不拿自己的缺点与别人的优点做对比，要多关注自己的优点，并不断发掘自己的潜能。

学习不好不等于什么都不好，没必要轻视自己。我的很多优点别人还没有呢。

① 微笑面对一切

不管在什么情况下，都要微笑面对。笑能减少自卑心理，消除紧张情绪，给自己信心和力量。

② 正视别人的眼睛

当与别人说话时，把脊梁挺起来，目视对方，保持眼神交流，让对方感受到你的真诚与自信。

③ 突出自己

无论在什么场合，都尽量走在前面、坐到前排，勇敢地接受大家的关注。你会感觉这样很棒，内心很有信心。

④ 积极行动起来

在众人面前发表自己的见解，声音响亮，让所有人都能听到。只管说，不用在意别人的评价。自己认为正确的想法，就立即行动起来去落实它，并坚持一边做一边改进。只有行动起来才能实现它。

成长问答 >> 行动是克服自卑的良药？

　　自卑的人总是善于发现自己的缺点，看到自己的不足。为了避免可能的失败，总是躲避竞争、回避交往，白白浪费了很多的机会，辜负了天赋的优势，真是太可惜了。世界上的人谁没有缺点呢？拿破仑个子很矮、丘吉尔长得很胖、霍金因患疾病瘫痪了55年，如果他们都不自信，那世界上就少了很多了不起的人。他们之所以能成功，就是因为他们从来不会为自己的缺点而自卑，而是总在想办法发挥自己的优势。

　　我们要想改变自卑的状况，就要放下心理包袱，重新认识自己，建立自信心。海伦·凯勒说："只要朝着阳光，便不会看见阴影。"信心是命运的主宰，发掘自己的才能，大胆去尝试，你会证明自己其实很优秀！

建立自信的小秘诀

　　分析一下自己，找出自己最擅长干什么，或者最喜欢干什么，然后把这件事情发展成自己的长项。凭借这个长项，你就建立起了自信心。既然你可以把这件事做得这么棒，你当然也可以把其他事做得很棒。只要你相信，你就能做到。只要你做到了，你就成功了。

17 不要被嫉妒心理愚弄

　　我们数学老师很喜欢班里学习好的那几位同学，上课时总让他们回答问题，而我们这些学习不好的同学回答问题的机会就很少，使我很嫉妒那几位同学。有时候，我真想给他们制造一些麻烦，让他们在全班同学面前丢人。我不知道这种心理是不是有问题？

　　这是一种嫉妒心理。有了嫉妒心理没有关系，关键在于怎样对待嫉妒心理。如果我们把它转化成学习动力，就很好；但是如果让嫉妒心理发展成去伤害别人，那就不好了。对付嫉妒心理最好的办法，就是学会欣赏别人，向别人学习，树立一个大目标，努力成为优秀的自己。

成长中的烦恼

我们数学老师偏心。

我嫉妒那些被老师偏心的同学。

我真想给他们制造一些麻烦。

我们会产生嫉妒心理，也可以改变它，不让它在心里折磨自己。最好的方法就是学会欣赏别人，向别人学习，成为优秀的自己。

我会这样想

老师喜欢学习好的同学也很正常，我要努力把学习成绩提上来，与那些同学比赛。

1

嫉妒是一种狭隘的心理，我才不嫉妒呢。我要通过努力证明自己也很优秀。

2

嫉妒是一个绿眼妖魔，我才不会被嫉妒迷乱心智呢。我要向比我强的人学习。

3

① 理性看待别人的优势

理智地看待别人的优势，以及他们对自己的影响。做自己喜欢的事情，不被嫉妒情绪牵着走。

② 不拿自己的不足与别人的长项比

世界上的每片树叶都不尽相同，我们每个人都有自己的优势，不必拿自己的不足与别人的长项比。

③ 学会欣赏别人，为别人喝彩

如果有人比自己强，要祝贺别人，向别人学习。世界上总会有人比自己强，没有必要去比较、去嫉妒。

④ 把嫉妒情绪变成动力

树立远大志向，把嫉妒情绪转化成自己的动力，通过努力学习提升自己，使自己变得更优秀。

成长问答 >> 嫉妒既害人又害己吗?

　　我们之所以会产生嫉妒心理，主要是因为害怕别人比自己强。似乎别人比自己强就反衬出自己不行。这种心理其实挺害人的。它既会让自己心里不舒服，又会让自己失去理智做出损人不利己的事情。所以，我们要时刻保持清醒的头脑，不要被嫉妒迷乱心智。

　　莎士比亚在《奥赛罗》中说："嫉妒是绿眼妖魔，谁做了它的俘虏，谁就要受它的愚弄。"我们不要做这种小傻瓜。所以，我们要以一颗宽容的心，正确看待别人比自己强。学会欣赏别人，为别人喝彩，并努力向别人学习，提升自己的综合实力。

一个关于嫉妒的故事

　　大山里有两只鹰，一只黑鹰，一只灰鹰。黑鹰飞得很高，灰鹰却飞不高，灰鹰因此很嫉妒黑鹰。有一天，山里来了一个猎人。灰鹰请猎人将黑鹰打下来，猎人说："需要几根羽毛绑在箭上，才能射下黑鹰。"灰鹰忙将自己翅膀上的羽毛扯下交给猎人。猎人弯弓搭箭射出去了，但是没有射中。灰鹰又扯下自己的羽毛交给猎人，又没有射中。最后，灰鹰翅膀上的羽毛扯光了，黑鹰也没有被射下来。而灰鹰再也飞不了了，成了猎人的猎物。

18 做一个不抱怨的孩子

　　我们班有一些同学喜欢抱怨，动不动就说一些牢骚话。比如："都是因为昨天晚上妈妈在家招待客人，我才没有完成作业的。""老师就是想为难我们，才把考试题出得这么难。"我觉得爱抱怨的人是爱推卸责任的人，他们总是认为别人错了，总给自己找借口。我认为这样是没有担当的表现，我可不想成为这样的人。

　　当你想抱怨时，应当先思考一下，抱怨的事情是否如自己想象的那样？抱怨出来，是否能对事情起到积极作用？抱怨对自己和别人有没有好的影响？思考之后便会发现，抱怨毫无用处，只能给彼此增添烦恼。所以，做一个不抱怨的孩子，挺好。

都怪妈妈在家招待客人，耽误了我写作业。

这不是我的错，是妈妈造成我没完成作业。

我妈妈不为我着想，不是一个好妈妈。

抱怨就像一针麻醉剂，除了麻醉自己，没有积极意义。所以我们要记住一句话：假如没有把事情做好，不要找理由抱怨，因为抱怨毫无用处。

我会这样想

换一个角度想，没完成作业是自己没安排好时间，不能怪妈妈。

1

为自己找理由逃避责任没出息。与其在那里抱怨，不如赶快把作业做完。

2

抱怨除了把自己心情弄糟，没有一点儿好处。所以，我决不做爱抱怨的孩子。

3

① 接受生活的不完美

没有一个人的生活能十全十美，总会有不如意的时候。所以，要学会接受生活中的不完美，做一个不抱怨的孩子。

② 不要苛求别人，也不要苛求自己

每个人都有自己的优点和缺点，谁也不可能永远不犯错误，要接受自己的缺点，宽容别人的错误，这样内心就会舒服很多。

③ 正确看待失败

学会接纳失败。失败了说明自己努力得不够，或者有不可抗拒的因素。努力提高自己，就会减少失败的概率。

④ 多与优秀的人交朋友

多与优秀的同学交往，提升自己的情商，改变遇到困难和挫折时的心态，变抱怨为自我激励。

成长问答 >> 不抱怨的心·才快乐吗?

　　抱怨是什么？抱怨就像用针扎破一只气球，让自己周围的人都泄气。同时，抱怨之后，自己的心情也会变得很糟糕，就像穿着鞋子走在沙滩上，心情越烦，鞋子里的沙子越多一样。

　　因此，我们不要尝试用抱怨解决问题。尽管抱怨有时候也能得到自己想要的，但是得到的微不足道，失去的却是别人对自己的好感和自己的信心。遇到烦心事，先改变我们思考问题的方法，学着用乐观的心态来看待遇到的问题，这样更容易找到解决问题的途径。

不抱怨的运动

　　《不抱怨的世界》一书的作者威尔·鲍温认为：抱怨毫无意义，还会使自己的人格受损。为了帮助大家走出抱怨情绪，威尔·鲍温在全球发起了一场"不抱怨的运动"。就是给每位参加者手腕上戴上一个特制的紫色手环，当自己想抱怨时，就把手环换到另一只手腕上。如果能坚持连续21天把手环戴在同一只手腕上，就说明自己已经彻底改变了抱怨的习惯。不到一年时间，世界上有80个国家、600万人参加了这项运动，并因此改变了自己与世界的相处方式，成为不抱怨的人。我们也一起参加吧。

19 不要跟着愤怒情绪走

　　我妈妈总说我像一个小牛犊子，一生气就爱发牛脾气，一发脾气就伤害一大片。确实，我这臭脾气得罪了不少人，很多小朋友都不跟我玩了。其实，我也是受害者呀！所以我下决心管管这个臭脾气，不让它再误伤别人，坑害自己了。

　　发怒带有很大负能量，很容易说出像刀子一样伤人的话，干出让自己后悔的事。因此，生气时先不要说话和做事，尽量让自己冷静下来，然后再思考解决问题的办法。

我一生气，就控制不住自己的愤怒情绪。

我生气时很容易对人发脾气。

我家人说我生气时一点儿都不可爱。

　　富兰克林说得很好："任何人生气都是有理由的，但很少有令人信服的理由。"如果不想成为斗牛，就要学会管理自己的情绪，提高对外界刺激的心理承受力。

我会这样想

　　愤怒是一种有害的情绪，用不恰当的方式表达愤怒，会给自己带来意想不到的麻烦。

　　愤怒时智商最低，为了不说伤人的话、干傻事，我不在气头上说话或做事。

　　离开生气的场景，让自己先冷静下来，用智慧来处理这个问题。

自我情绪管理能力训练　>> **怎样才能管理好愤怒情绪？**

①　放松自己，有效控制情绪

当感到很生气、怒火中烧时，立即深呼吸放松自己，把紧绷的身体和收紧的心一点点放松下来。告诉自己，小事一桩，冷静、冷静。

②　转移注意力

在气头上时，不要说话和做事，尽快离开现场，转移注意力。这样才不会因情绪失控而说出伤人的话，做出不理智的事，造成不良后果。因为怒气是一种很强的负能量，不加以控制的话，会产生很大的破坏力。

③　想一些积极的事情

思考一下今天本来准备要做的事情，把注意力转移到这些事情上，让大脑理性运转起来。当大脑回到理性状态，愤怒情绪就会消除很多。

④　对愤怒情绪进行反思

当怒气消散后，分析一下自己有没有责任，愤怒有没有必要。经常这样反思，发怒的次数就会减少90%。

成长问答 >> 会管理愤怒情绪才能更强大吗?

　　我们愤怒时，说的话、做的事，是完全不顾后果的，这必然会造成人际关系紧张。90% 发怒的人因为不能控制愤怒情绪而制造麻烦。一位哲人说过："作为人，真正需要正视的敌人是愤怒。"如果不会处理愤怒情绪，就得为愤怒情绪付出代价。

　　而且发怒时，会给心脏带来很大压力，令自己感到很不舒服。所以，愤怒情绪需要管理，尽量把它控制在一个理智的状态。这样既有利于我们身心的健康，又有利于我们保持良好的人际关系。

小贴士
TIPS

改变思维方式，接纳生活的不完美

　　如果一个人经常发脾气，除了身体原因，可能是思维方法有问题。就是说，我们认为别人做事要符合我们的心意，如果与我们的心意不同，就是别人有错，这种思维方式本身是有问题的。因为世界不是按照我们的意志而运转的，不会因为我们高兴或者不高兴而改变。因此，我们要改变思维方式，学会包容，学会接纳。包容别人的过失，接纳生活的不完美。这样，我们的心胸才能开阔，我们的世界才能和谐。

20 不要让负面情绪升级

　　今天中午在餐厅排队打饭时，有一个其他班的同学直接插队到了我前面，看他的态度好像他就应该排在这里似的。我很不高兴，对他说："你怎么插队呀？"他好像没有听见一样，满不在乎地继续站在我前面。我真有些生气了，很想对他发脾气。可是转念一想，为吃个饭吵架，也太没水准了，算了。

　　不高兴是一种心理状态，不会对自己和他人造成什么伤害。当出现不高兴的情绪时，为了不让这种情绪升级，可以及时转换念头，转移注意力，让它来得快，去得也快。这样，我们就可以有效地管理这种情绪，不让它泛滥，对自身和他人造成破坏性影响。

有同学在我前面插队了，我很不高兴。

他插队了还不给我道歉，很没有修养。

他不以为意的样子，很让我生气。

当我们遇到不高兴的事情时，产生负面情绪是很正常的。但我们要学会用智慧来解决问题，而不是用情绪来解决问题。理智的大脑才能想出好点子。

我会这样想

1. 他插队确实不对，但我也没有必要为这件事生气，多大一点事儿啊。

2. 我可以态度友好地对他说：插队不好，从小要养成好习惯。

3. 我决不会因为别人的无礼而让自己生气，那是拿别人的错误惩罚自己。

① 正视面临的问题

当一件意外的事情发生时，比如有一个同学突然在你前面插队，这会让你很不爽，但你要马上告诉自己，这不是末日的来临，不必动怒。

② 不要让负面情绪升级

如果你开始指责对方，就很容易让你的不爽情绪升级。因此告诉自己：这不是什么大不了的事，我不会为这种事情让心情变糟。这样，不爽就不会升级为愤怒。

③ 站在对方的角度去思考

换一个角度想，也许同学插队是因为赶时间去做其他事，并不是故意为难自己，没必要较真。

④ 尝试转移注意力，放松心情

当令你不爽的事情发生时，你要及时捕捉生气的信号，转移注意力、换位思考、做自己喜欢的事情，这样不快情绪就很容易消退了。

成长问答 >>可以把不高兴消灭在萌芽状态吗?

愤怒情绪一般分为四等,不高兴、生气、愤怒、暴怒,最轻的一等是不高兴。不高兴可能是外界原因引起的,也可能是心理活动引起的,它只影响我们的心情,不具有破坏力。这种情绪经常出现,与我们每天相伴相随。我们要学会引导这种情绪,通过与乐观的朋友交往、玩耍,将这种消极情绪调整为积极情绪。即使不高兴情绪是由外部事件引起的,也尽量通过转移注意力、转换思维方式把这种情绪赶走,不要让它不断升级。因为情绪一旦升级成愤怒,就不容易管理。而且在冲动的状态下,容易做出让自己后悔的事情。所以,把不高兴消灭在萌芽状态,是我们每天要做的功课。

有意识去调节负面情绪

每个人的情绪都是在时刻变化的,就像天气一样。如果将我们的情绪变化绘制成曲线图,就会发现我们的情绪曲线像心电图一样,有波峰和波谷,而且情绪波每隔一段时间会重复一次。这说明情绪波动是正常的。但如果心情经常大起大落,就会对我们的身心造成不好的影响,就需要进行管理。当不高兴的情绪出现时,我们要有意识地去调节这种情绪,让它来得快,消失得也快,使我们的心情能一直保持在一种平和状态。

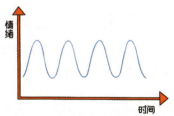

老师每天都留很多作业，而且作业越来越难。每天做作业占用我大量时间，我都没有时间玩了，心里好烦。妈妈说我变得烦躁易怒，都不可爱了。我那么烦，哪还能可爱呀！

当感到心烦时，学习效率肯定不高。不妨先出去玩一会儿，让身心放松下来，等心情平静了再做作业。给大脑充好电，学习效率才会更高。如果遇到不会做的题，也不要着急，把教材中的知识点和重点找出来，回顾老师上课是怎样讲的，对照知识点分析这个问题。只要有足够的耐心，一定可以攻克这个难题，自己也能获得成功的喜悦。

成长中的烦恼

我妈妈给我报了很多课外班，每天好忙。

我的作业好多，老是做不完，压力很大。

越学越难了，很多知识点我都搞不懂。

好的学习计划和学习方法可以使我们避免很多学习上的问题。当我们学会了自主学习，就可以减少很多学习压力。

我会这样想

我要和妈妈商量一下，只参加感兴趣的课外班，减轻一些压力。

1

每天课后抓住黄金两分钟及时复习，放学先做作业，养成好的学习习惯。

2

每天做好预习、复习，课上认真听讲，弄懂每个知识点，就不会有太多难题了。

3

自我情绪管理能力训练 >> 改变焦虑情绪的方法

① **思考自己担心的问题**

你担心的事情是否发生了，是否造成了严重后果？通过分析你就会发现，事情并不像你想象的那样严重，不用自己吓自己。

② **改变看问题的方式**

如果你总是高估困难，而低估自己解决问题的能力，那可能是因为你想问题的方法不对头，这时，就要改变看问题的方式，正确评估自己的能力。只要积极想办法，这些困难都不是问题！

③ **寻求老师和家人的帮助**

把你的压力和烦恼告诉老师和家人，让他们帮助你分析产生压力的原因，找到解决的办法，使压力得到化解。

④ **积极参加集体活动**

在与同学们的互动中释放压力，展示自己的才能，结交新的朋友，使身心保持愉快，焦虑的情绪也许自然而然地就消失了。

成长问答 >> 如何对症下药，改变焦虑情绪？

　　我们学生的焦虑，与作业和考试有很大关系。因为作业多、难度大，玩耍和娱乐的时间越来越少，心情不愉快；学校定期进行考试和排名，无形中对自己造成很大的心理压力。

　　那我们应该怎么办呢？第一，每天放学先做作业。注意力越集中，做作业效率越高。第二，每天要安排出时间运动，哪怕半个小时，也能放松身心，释放压力。第三，吃好每一顿饭。正常的饮食才能保障大脑的营养，使大脑正常工作。第四，按时作息，保证充足睡眠时间，大脑细胞在睡眠时才能够补充能量，为第二天学习做好准备。学会自我管理，就可以远离焦虑。

小贴士 TIPS

改变焦虑情绪的小方法

　　1. 表情调节。当烦恼时，试着让自己微笑，从内到外笑起来。微笑能让自己的心情好起来。

　　2. 人际调节。走出去找朋友玩，或者跟朋友聊天，讲笑话，轻松的氛围能唤起愉快的感觉。

　　3. 环境调节。走出家门，看看街边的树木花草，植物欣欣向荣的生命力能让自己开心起来。

1. 平时遇到惹你生气的事情时，你是怎么做的？

_____

_____

2. 你为克服自卑采取了什么行动？

_____

_____

3. 当好朋友比你学习好时，你会嫉妒他吗？

_____

_____

4. 你平时爱抱怨吗？你觉得抱怨对自己有什么影响？

_____

_____

5. 你生气时，会主动转移注意力吗？

_____

_____

6. 当你感到焦虑时，会怎么做？

_____

_____

第四篇

主动创造
积极情绪

积极情绪心理学认为，当积极情绪大于消极情绪时，我们的心就被积极情绪主导，内心就充满了快乐。

22 | 积极情绪是可以创造的

　　今天表弟到我家里玩，把我辛辛苦苦拼装好的航母模型弄坏了。那上面的每一个小零件都是我一点点小心翼翼粘上去的，花了我好多天的时间呢。我可真生气呀。我的航母和我的好心情都被他给毁掉了，这个坏表弟。妈妈非常理解我，说："航母坏了，不能再把心情搭上。你可以再造一艘更完美的航母。"对呀，不能赔上好心情。我决定再造一艘更好的航母。嘿，坏事变成好事了。

　　我们所拥有的积极情绪可以化解消极情绪对我们的影响，把坏事变成好事。同时，积极情绪能促使我们用善意的眼光看待一切，用正能量激励自己。所以，我们平时要多培养积极情绪。

成长中的烦恼

表弟把我的航母模型弄坏了，我真想发脾气。

我的劳动成果被毁了，心里很难受。

真是倒霉的一天呀！

当我们不能改变坏的结果时，就尝试换一个角度想问题，在心里培养积极情绪。这样，就不会被消极情绪带到烦恼中去啦。

我会这样想

已经弄坏了，生气不能解决任何问题，想想有没有补救的办法吧。

1

这个航母也有不足之处，再做一个更好的，就当成是提升自己技能的机会吧。

2

任何事情都有两面性，不能光看到坏的一面，也要看到好的一面。

3

① 学会欣赏美好事物

用欣赏的眼光看待生活中的人和事，就会发现许多美好事物，让自己感到欣喜和感动，并受到激励。

② 学会感恩

要对我们拥有的一切心怀感激。感恩我们的生命，感恩父母的养育之恩，感恩大自然给我们提供生存资源，感恩他人对我们的付出。感恩会让我们的内心变得博大和宽容。

③ 学会传递自己的善意

用善意温暖对待周围的人和事，眼中有光、心中有爱，积极帮助别人，把奉献当成对生命的嘉奖。

④ 追寻内心的激情

对世界充满好奇与激情，敢于去尝试各种新鲜事物，不怕面对困难和挫折，内心坚定而自信。

成长问答 >> 如何降低消极情绪的影响?

当积极情绪大于消极情绪时,我们的心就会被积极情绪主导。那如何让自己一直保持积极情绪呢? 除了提升积极情绪,还可以降低消极情绪的影响。具体有四个方法: 一是质疑消极情绪,比如可以想"对方是真的故意伤害我吗?"二是减少对消极情绪反刍,不要去咀嚼消极因素对自己的影响。三是回避消极情绪的场景,不在大脑里一遍遍放电影回忆。四是换一个角度看问题,就会看到事物的另一面,减少消极情绪对自己的影响。

积极情绪有什么益处?

积极情绪可以激活我们身体里的多巴胺,使我们的身体充满活力,从而提高免疫力,让我们拥有一个健康的身体;积极情绪可以拓展我们的思维,使我们思路开阔,善于找到解决问题的办法;积极情绪能提升我们的心理韧性,抵御消极情绪的影响,使我们快速从负面体验中走出来;当我们愿意与别人分享积极情绪时,别人也会受我们积极情绪的感染,回报给我们积极情绪,从而构筑起良好的人际关系。所以,保持积极情绪,对我们很有益处。

23 改变看问题的思维方式

爸爸说，我们的内心世界经常会被负面情绪侵袭，就像计算机会被病毒感染一样，出现"心灵宕机"。要保护我们的内心世界，就需要给心里安装一个杀毒软件，及时清理情绪垃圾，让内心世界清澈干净。我觉得这个办法很好，可以让人少一些烦恼，多一些快乐。

那这个杀毒软件是什么呢？就是积极的思维方式。我们的情绪病毒与看待问题的思维扭曲有很大关系。比如自己一件事情没做好，就认为自己不行，什么都做不成（以偏概全）；某同学把自己东西弄坏了，就认为他是一个坏同学（乱贴标签）；老师批评自己了，就认为老师不喜欢自己（妄下结论）；考试没考好，就感到特别沮丧，好像世界末日到了（放大问题的严重性）。这些扭曲思维会造成很多负面情绪。所以，我们需要经常换一种思维方式，改变看问题的方法，这样，就不会钻牛角尖，把自己带入情绪的旋涡里面去了。

成长中的烦恼

我经常会被负面情绪干扰。

我真想给自己心里装一个杀毒软件。

我期望有一种神奇的力量能帮我抵御负面情绪。

负面情绪是从我们自己心里产生的，而产生的根源，就是我们对外部刺激的认知方式不正确。改变我们看待外部刺激的思维方式，就会减少很多负面情绪。

我会这样想

产生负面情绪是因为我们的内心对外部刺激太敏感了，需要提升心理的免疫力。

1

改变扭曲的思维方式，就是给我们的内心安装一个杀毒软件。

2

改变自己的认知方式，就可以抵御外部事件对我们的刺激。

3

① 正确认识自己

我们每个人都被上天赋予了特殊的才能，因此我们都是独一无二的。要相信自己的能力，并且不断努力学习，让自己变得更优秀。

② 敢于面对挫折

我们每一个人在生活和学习中都会经历一些挫折，就像树木都要经历风雨一样。我们要敢于面对挫折，不怕困难。

③ 学会换位思考

当我们遇到问题时，要学会换一个角度去思考，这样，就可以找到不同的解决方法，有利于更好地解决问题。

④ 保持阳光心态

学会欣赏自己，经常在心里对自己说："我很棒！""我能行！""我可以。"这些心理暗示会给自己一种勇气和力量，使自己敢于去面对困难。

成长问答 >> 可以换一个角度看问题吗?

很多情况下，我们情绪失控与思维方式扭曲有很大关系。当我们的思维方式扭曲时，看问题就带着很大的主观性，就会远离客观事实。而这种主观性，又会带来强烈的情绪反应，使自己情绪崩溃。

我们与其抱怨不高兴的事，不如换个角度看问题：也许事情没有那么糟，只是我们的心情太糟了。转变一下视角，也许事物就是另外一种状态。比如天上下雨，可能影响我们的心情，但是如果想，下雨时空气很清新，还可以听雨打树叶的声音，滴滴答答如美妙的音乐，心情是不是就好多了呢？许多美好感受的产生都在转念之间。

扭曲思维有哪些表现呢?

以偏概全：因为一点不好就否定全部。

心理过滤：夸大负面信息的影响。

妄下结论：认为别人会用不友好的方式对待自己。

先知错误：认为事情的结果会非常糟糕。

放大问题的严重性：认为事情已经糟糕到了不可收拾的地步。

情绪化推理：把自己的不好预感当成即将要发生的事情。

应该思维：认为别人应该对自己好。

乱贴标签：认为某人是坏人。

推卸责任：把所有的责任都推到别人身上，与自己没有关系。

以上这些思维方式都容易影响我们的情绪。

24 用幽默的力量管控情绪

今天我们班与隔壁班举行拔河比赛，结果我们班输了。大家都很不开心。有的说，对方可能搞鬼了。有的说，对方人数可能比我们多，不公平。这时，我们班的笑星李昊说话了："我知道我们为什么输了。我观察发现，他们班的男生昨天一定都吃得特别多，体重太重了，我们这些杨柳风的小身板哪能拉得动他们的吨位呢？"李昊话音刚落，我们班就爆发出了欢乐的笑声。有趣的灵魂万里挑一，李昊真是我们班的开心果。

一个拥有有趣灵魂的人，一定是善于发现快乐、善于创造快乐的人，是一个特别幽默的人。幽默，具有神奇的力量，可以化尴尬为和谐，化消极为积极。学习一些幽默艺术，有助于我们有效管理负面情绪，创造快乐，使生活变得有趣、有意义。

成长中的烦恼

我们班输了，我很难受。

一定是对方做了手脚。

怎么会输给他们，真不甘心。

不就是输了一场拔河比赛嘛。比赛还远没有结束呢，还可以在学习上接着比。没准儿他们体力厉害，而你们脑力厉害呢。

我会这样想

1
胜败乃兵家常事，不用把输赢看得太重要。从中学到经验教训更有意义。

2
学会接受已经成为事实的结果，并能从自身找原因，这样才能吃一堑长一智。

3
拔河比赛就是比团队的合作精神，也许我们班在比赛时没有真正拧成一股绳。

① 多看相声小品

相声小品是一门幽默的艺术，以讽刺幽默见长。演员们滑稽的动作、幽默智慧的语言，能使我们在模仿中培养出幽默感。

② 多看笑话和故事书

笑话和故事书中的段子，能在潜移默化中培养我们的幽默细胞，使我们不知不觉中学会使用幽默语言，养成乐观的性格。

③ 在家里创造幽默的氛围

经常把知道的趣事讲给爸爸妈妈听，与爸爸妈妈开一些轻松的玩笑。时间一长，家人之间就会养成一种幽默的习惯，形成和谐快乐的家庭氛围。

④ 学会"自嘲"

当遇到尴尬的场面，或者想安慰别人时，拿自己开开玩笑，可以营造出愉快的氛围，使大家都开心。一个敢于自嘲的人，一定有一个强大的内心。

成长问答 >> 学会幽默有什么好处？

　　学会幽默有很多好处，可以安慰别人、化解尴尬、减轻压力、避免冲突、消除负面情绪。林语堂先生在《论幽默》中说："真正幽默的人，能自嘲，有智慧，具怜悯之心。"所以，我们要培养自己的幽默感。

　　有幽默感的人，具有天然的影响力和吸引力，走到哪里都会拥有一批粉丝。心理学家弗洛伊德说过："最幽默的人，是最能适应的人。"当我们在任何场景下，都能从容地幽默一下，给自己和他人都能带来愉快时，就有了管理情绪的本领。既能管理好自己的情绪，也能管理好他人的情绪，走到哪里，都是情绪的调节师。

幽默能治病

　　古代名医张子和擅长治疗疑难杂症。有一天，一个人来请张子和去给他的妻子治病。他的妻子经常烦躁不安，不思饮食，吃了很多药也没治好。张子和听后，先是找来两位妇人扮成小丑，在病人面前做出各种滑稽动作，逗得病人忍不住哈哈大笑。然后，张子和又让两位好胃口的妇人在病人面前大吃美食，边吃边夸食物美味，馋得病人主动要求也吃一些。从此，病人慢慢恢复正常饮食，精神状态越来越好。不久之后，病就痊愈了。

25 用宽容化解烦恼

　　我因为被家里人宠爱惯了，心里比较自我，不怎么能包容别人。只要与同学有点儿摩擦，就不想原谅别人。我认为只要不原谅别人，别人就会受到惩罚。后来我发现，不原谅别人，表面上是让别人不好过，其实真正倒霉的是自己。因为自己心里老是较着劲，就没有办法感受快乐了。

　　说得很对，不能宽容别人，自己的内心也就不能得到安宁。我们生活在一个大集体里，每个人的想法都会不一样，处事方法也会不一样，发生纠纷是很正常的。如果因为一点点摩擦就耿耿于怀，那自己内心就会很纠结。整天想着别人如何如何不好，内心被负面情绪充斥着，哪里还能快乐得起来呢？所以，学会宽容别人，自己内心就能博大和快乐很多。

我一想到他就来气，怎么可能宽容他呢？

是他对不起我，我为什么要原谅他？

不同他玩挺好，眼不见心不烦。

对别人宽容，也是对自己的宽容。原谅别人的时候，自己心中的怨恨情绪就会慢慢消除，心情就能愉快起来。

我会这样想

不能宽容别人，说明自己的心眼太小了。与同学能有多大的仇多大的恨呢？

1

原谅别人，也是宽容自己。整天较着劲，自己也不能快乐，有什么意思呢。

2

学校本来就是由各种学生组成的，学会与不同类型的人相处，才能交到朋友。

3

① 学会发现别人的优点

学会发现自己的缺点，看到别人的优点，试着从别人的角度思考，求同存异，在善待别人的同时也使自己受益。

② 多反思别人的好处

多想一想，我们需要别人的宽容，也得到过别人的宽容，为什么就不能宽容别人呢？

③ 不为小事斤斤计较

学会宽容，是一个人成长和进步的标志。为一些小事计较，太丢人了，将来怎么干得成大事呢？

④ 心胸开阔

不记仇，不为小事而斤斤计较，做一个心胸宽广的人，心灵才有空间承载伟大的梦想。

成长问答 >> 宽容的实质也是宽容自己吗?

　　宽容别人，就是给别人一次改错的机会。这是对生命的一种敬畏，彰显出我们内心的博大与厚爱。对我们每个人来说，宽容是一种美德，更是一种交友原则。宽容可以帮助我们避免很多不必要的困扰，以愉悦的心情与他人相处。

　　宽容的实质也是宽容自己。只有保持宽容的心态，才不会被斤斤计较的心灵毒蛇纠缠，从而获得真正的心灵自由。做一个宽容的小朋友吧!

小贴士 TIPS

宽容的小故事

　　南非前总统曼德拉年轻的时候，因为反对白人的殖民统治，被关在监狱里27年。当他1990年出狱时，他选择了宽恕那些伤害过他的人。他说:"当我走出监狱的大门，就已经把痛苦和怨恨都抛在了脑后，否则，等于我还在监狱里服刑。"1994年5月9日，他就任南非总统。在就职典礼上，他对三名看管过他的人深深地鞠了一躬。台下嘉宾都被他宽阔的胸怀感动了。他执政期间，推行种族和解政策，废除种族隔离制度，并因为消除南非种族歧视做出了巨大贡献，而获得了1993年的诺贝尔和平奖。

26 用积极情绪管理消极情绪

今天好不容易周末了，我们几个关系不错的同学一起去体育大学打篮球。正当我们打得兴高采烈时，几个高个子男生非要抢占我们的场地。没办法，场地被他们占用了。我们大家既感到窝火，又感到失落，心情都很差，就像打了败仗一样。

当遇到这种意料之外的情况时，情绪受影响是很正常的。但是，不能在这种负面情绪里待很长时间，需要有人率先打破这种局面，带领大家走出情绪的低谷。比如讲一个冷笑话，说一句俏皮话，把沉闷的局面打破。一旦大家心里的积极情绪回来了，消极情绪自然就消失得无影无踪了。大家可以重新寻找好玩的事情，度过愉快的一天。

成长中的烦恼

好尴尬，大家的情绪好像都跌入了低谷。

心里很烦，好想离开这里。

我可不想挑头打破这种僵局。

当大家都陷入情绪低谷时，不妨主动站出来说一些笑话，用幽默的话语把这种尴尬的局面打破，使大家摆脱负面情绪的困扰，不让负面情绪影响美好的周末时光。

我会这样想

嘿，我要讲一个冷笑话，把大家逗笑，这样大家就会重新开心起来。

1

遇到烦心的事情，不受情绪影响，积极调整计划，找更好玩的事情做。

2

一个团队里面总要有人出来鼓舞士气。我就担当这个角色吧。

3

① 运用幽默艺术调节气氛

当遇到冷场局面时，说些幽默的话，开个玩笑，把大家的情绪调动起来，使大家恢复到积极的心情中去。

② 主动转换思维方式

当大家都陷入情绪低谷时，要主动转换思维方式，帮助大家从消极情绪里走出来。当走出来时，再回头看烦心的事，发现根本不算什么。

③ 学会随机应变

当事情有变化时，学会随机应变，随时调整计划，掌握主动权，这样就不会陷入被动。

成长问答 >> 我们应该如何应对消极情绪?

　　我们常常会因为一些小事情而让自己不开心，陷入消极情绪不能自拔。这是因为我们生活得太被动，没有掌握主动权，不会自主决定事情的走向，从而被动地跟着生活的节奏，受各种不顺心的事情影响。要打破这种局面，怎么做才好呢？学习独立思考，培养独立精神是个好办法。遇到不顺心的事情，主动转换思维方式，随机应变，主动解决问题。当消极情绪来袭时，不做情绪的奴隶，学着管理它，用积极的情绪影响它。当我们总能自主解决复杂的问题时，我们就成了自己的主人，不再受外部因素的摆布。

用积极情绪面对生活中的窘境

　　有一对小兄妹，家境很贫困。他们的房子因为年久失修，一到下雨的季节，房屋就会漏雨。有时候，雨水会滴到床上，被褥都会被淋湿，无法睡觉。小兄妹就想出了一个办法，用大小不同的盆子接住雨水。这样，床铺和家里就不会被淋湿了。他们坐在那里看着雨水滴滴答答滴进不同的盆子里，发出悦耳的声音，宛如美妙的音乐，开心极了。他们很享受这种美妙的感觉，甚至为那些家里不漏雨的小朋友惋惜。

27 养成快乐的习惯

我天生就是一个快乐的人，妈妈说我继承了我们的家风。确实，我们家人就是如此，遇到任何事情都能坦然面对，任何烦心的事都能想得开。这也使我们家的人都很快乐，好像没有什么烦恼。邻居羡慕地说，你们一家人活得真开心。我爸爸说，因为我们会制造快乐。

心理学家指出，每个人都具备使自己快乐的资源。只是有些人善于运用这些"快乐的资源"，让自己和别人都快乐；有些人不善于运用这些资源，总是把自己逼入死胡同，让自己整天烦恼不高兴。快乐的秘密就在我们心中，我们每个人都可以通过改变自己的想法让自己快乐起来。

成长中的烦恼

如何才能让自己每天都快乐呢？

每天都有压力，怎么可能快乐呢？

不做作业就可以很快乐，但是不可能。

> 我们每个人心里都长着快乐之根，如善良、爱心、宽容、乐观，只要我们用积极的心态去浇灌它，就可以长成郁郁葱葱的快乐森林。

我会这样想

多用开阔的思维想问题，用积极的心态看问题，内心就会充满快乐。

1

有压力也可以快乐呀，带着快乐的心态生活，到处都会有美妙的事物。

2

快乐是自己创造的，只要自己愿意，作业中也能找到很多快乐。

3

① 善于调配自己的"快乐资源"

多关心帮助别人，包容别人，遇到困难积极想办法，遇到挫折勇敢面对，这些都是自己的"快乐资源"。做得越多，就越自信快乐。

② 培养广泛的兴趣和爱好

兴趣爱好越多，可以取悦自己心灵的能力就越多，快乐也就越多。多参加各种活动，展示自己的才能，就会收获很多快乐。

③ 学会换位思考

我们的很多负面情绪，都与思维方式有关。不正确的思维方式常常把我们带入死胡同，使我们钻牛角尖，看问题不客观。如果能换位思考，感觉就会很不同。

④ 学会管理自己的情绪

当不开心时，可以找朋友玩、画画、听音乐、出去运动，让自己迅速走出负面情绪的阴影，恢复愉快的心情。

成长问答 >> 快乐唾手可得吗?

只要想快乐，就可以快乐，我们自己就是快乐的根源。生病时可以快乐，遇到挫折的时候也可以快乐，自己干吗要被外部因素主导呢? 只要愿意，快乐唾手可得，生活中任何地方、任何时间都可以快乐。

世界不是按照我们的意愿运转的，我们不能期望别人给我们带来快乐。所以，要学会自己去创造快乐。遇到困难时，可以把它当成是一处快乐的埋藏地，通过克服困难去寻找宝藏。这样，我们的人生就总是有惊喜，快乐就在每天的光阴里。

快乐其实一直与我们在一起

有一天，天堂里的上帝和天使们召开了一个会议。上帝说："我要人类在付出一番努力之后才能找到快乐。把快乐藏在什么地方好呢?"

一位天使说："把它藏在高山上，这样人类很难发现它。"另一位天使说："把它藏在大海深处，人类一定发现不了。"又有一位天使说："还是把快乐藏在人类的心中比较好。因为人类总是向外去寻找快乐，很少到自己内心里挖掘快乐。"上帝对这个答案最满意。从此，快乐就藏在了人类的心中。

1. 你会想办法让周围的人开心吗?

_____

_____

2. 你喜欢说笑话吗? 你觉得最好笑的笑话是什么?

_____

_____

3. 你觉得幽默的人是不是更受欢迎?

_____

_____

4. 如果同学说了伤害你的话, 你能原谅他吗?

_____

_____

5. 你在家讲笑话吗? 你喜欢家人之间经常开开玩笑吗?

_____

_____

6. 你善于管理自己的消极情绪吗?

_____

_____

第五篇

用积极情绪化解压力和挫折

每个人都会遇到压力和挫折。在压力和挫折面前，我们需要做的，就是跨过去。乔舒亚·J·马里恩说："挑战让生命充满乐趣，克服挑战让生命充满意义。"

压力是不良情绪的根源

　　每次考试之前，我都很紧张。担心准备不充分，题目太难不会做；担心审题错误，把题答错了。因此，每次考试之前，我都压力很大，很容易发脾气。我也知道这样不好，可我就是不能管好我的情绪。

　　这是考试之前的应激状态。这种紧张情绪不利于临场正常水平的发挥。所以，我们要改变考前的紧张状态。怎么做呢？我们可以改变对考试重要性的看法，把它当成一次课堂小测验，只要认真地把会的做正确，反映出自己的真实水平就可以了。这样想，就不会那么紧张了。这就是在心态上要藐视考试，在答题时要重视考题，认真做好每一题。

成长中的烦恼

又要考试了，好紧张呀。

谁都别惹我，我很容易发脾气的。

我的压力好大，小宇宙快爆炸了。

　　有压力，别紧张，先给自己卸一些压力。就像我们的肩膀只能背30斤重物，非让自己背50斤，那我们肯定是背不了，需要把多余的分量卸掉，这样压力就减轻了。

我会这样想

　　不就是一次考试吗，有什么大不了的。我认真把自己会的题做好就行了。

①

　　我这么紧张干吗，放松放松，把心里的压力卸下来。

②

　　我可以把压力变成动力呀，改变自己马虎的坏习惯，认真对待考试。

③

① **找到压力来源**

当感到压力很大时，先了解是什么原因造成了这么大压力。比如考试之前，自己莫名其妙地感到压力很大，这时想一想，自己最担心出现什么问题？我能不能提前做好准备？

② **降低压力给自己造成的心理影响**

就是降低压力给自己造成的心理冲击，使压力对自己的影响没有那么大。比如面临考试时，告诉自己，就当成一次小测验，天塌不下来，用平常心面对就是了。

③ **放松自己，减轻压力**

当压力大时，通过运动放松自己，或者通过呼吸调节、冥想调节，让身心压力减轻下来。

④ **把压力变成动力**

适当的压力能使自己集中精力把事情做好。比如考试之前，我们就要把时间规划好，针对自己的薄弱点集中注意力复习备考。

成长问答 >> 我可以降低心理对压力的敏感性吗?

所有外部因素的刺激，都会在我们心里引起反应，一旦这种反应超出了我们的心理预期，就会形成压力。可见压力与外部事件有关，也与我们的心理承受能力有关。当外部事件不能改变时，我们可以通过改变心理对外部事件的反应来减轻压力。比如，我们不能改变老师的考试安排，但是我们可以改变对考试的认知，看轻考试的重要性，这样，考试对我们形成的压力就没有那么大了。另外，我们平时就把学习搞好，就不会怕任何考试了。

解除压力的小秘诀

压力实际上就是自己心里不自信，不相信自己的实力，而给自己造成的心理困扰。解除这些压力的办法有以下几种：一是平时就踏踏实实学习，提升自己的能力；二是降低心理预期，不要期待超出自己能力的结果；三是多做自我肯定，自我鼓励，敢于去应对挑战。当自己心里很有力量时，就不害怕任何意想不到的结果了。

29 学会与压力共存

马上要考试了，好紧张。我还没有准备充分，不知道这次能不能考出好成绩。如果我这次不能考出好成绩，爸爸妈妈会不会很失望啊？一想到这些，我晚上睡觉都睡不好了，做梦都在准备考试，早上醒来觉得好累。想考出好成绩真难啊！

每一个人都会遇到压力，在压力面前，没有人可以"免疫"。那我们应该怎么办呢？不妨学会与压力共存，在平时就勤学苦练，做好准备。如果自己已经尽力了，这一次没有考好，也没有关系。考试只是一种经历，让自己发现自己的不足，以便在今后的学习中可以有目的地提升自己。这样一想，压力就成了自己的助力。

成长中的烦恼

每次考试前我都很紧张。

真怕这次考不好。

考不好，妈妈会很失望的。

我们生活中需要一些压力，就像篮球内部有了压力，才能弹得高；我们心里有一些压力，才能自我驱动，变得更优秀。但我们要注意把握这些压力的度，如果压力太大，就要减轻一些压力。

我会这样想

考试不就是老师检查一下自己平时学习的效果吗，没必要紧张。

1

就把考试当成一次练习就好了。不在意成绩，就不怕考试了。

2

妈妈看重的是自己是不是学到了本领，而不是考试成绩。成绩不重要。

3

① 正确认识压力

在生活中，有压力是自然的、正常的。压力有利于激发潜能，挑战自己的极限。当面对压力时，寻找让自己心里舒适的状态，让自己适应和接受这个压力。

② 不要苛求自己

完美主义者容易苛求自己，给自己造成压力。人的精力是有限的，无法把什么事都做到极致。那就需要调整期望值，从容展示自己的才能。

③ 历练自己的能力

我们很多时候有压力，是对自己的能力信心不足的表现。所以我们平时就要多练习自己的本领，使自己有足够的能力应对面临的考验。

④ 学会放松自己

通过运动、看动画片、听音乐、娱乐，让自己经常处于愉悦的状态，这都是调解压力的好方法。

成长问答 >> 如何应对考试压力？

很多同学考试之前，由于太想考好，心里太紧张，结果反而考不好。心理学上认为，过高的动机反而不能表现出真实水平。由于期望太高，心理压力太大，就像背着一个沉重的包袱，反而会导致临场发挥不正常。如果能够用平常心看待考试，就有可能超常发挥，爆出冷门。这种现象在体育比赛中很常见。我们平时就要有意识地锻炼自己的心理素质，看淡输赢，用平常心对待每一次考试。

应对压力的小故事

1597 年，德国天文学家开普勒写成了《神秘的宇宙》一书，并设计出了一个宇宙模型。但是，在那个神学时代，宗教裁判所把他的著作视为"异端邪说"，列为禁书，甚至威胁要处死这个异教徒。开普勒感受到了前所未有的压力，孤立无援。但是他把压力变成了动力，坚持研究，最终发现了行星运动的三大定律：椭圆定律、面积定律和调和定律，为天文学做出了不朽的贡献。

30 把失败变成宝贵财富

　　我是蜜罐里长大的孩子，从小就被爸爸妈妈保护得很好，遇到大事小事，都是爸爸妈妈冲在前面全包圆儿，不需要我去做任何事情。我就是这样无忧无虑长大的。但这造成了一个问题，就是我几乎没有独立生活能力，很多事情都不会做。我很怕独立面对事情，害怕遇到困难，很多带有挑战性的活动我都不敢参加。爸爸妈妈的大包大揽实际上害了我。

　　确实，父母的包办使我们缺乏竞争力，害怕失败和挫折。那我们就需要早点儿走出父母的保护区，参与到各种竞争中去。我们在参与的过程中，就逐渐培养了自己独立解决问题的能力。当然这个过程会经历失败，但失败了也没有关系。我们可以让父母给我们颁发一个"失败奖"。这样可以鼓励我们去接受失败，向失败学习，在失败中成长。

我很害怕参加钢琴比赛，失败了怎么办？

要考试了，我还没有准备好，今天不敢上学了。

今天跨栏比赛，我摔倒了，觉得好丢人。

成长的过程就是不断试错、纠错、进步的过程，不用害怕失败。即使真的失败了，那也没有关系。向失败学习，就走在了成功的路上。

我会这样想

这是一次锻炼自己的机会，只要积极参加就可以了，得不得名次没关系。

①

考不好有什么关系呢，只要把自己会的都做出来就行了。

②

摔倒了有什么关系，即便是一次失败的努力，自己也从中有所收获。

③

1 **失败是一笔财富**

　　只有经历过失败才知道是什么滋味，才会刻骨铭心，才会有强烈的走出失败的愿望。这种愿望会激励自己追求成功。

2 **失败让自己学会反思**

　　去反思自己还有哪些不足，应该如何努力。这个反思过程就是一个成长过程，让自己能够静下心学习，不再自以为是。

3 **失败是成功之母**

　　经历过失败的人懂得向失败学习，因为失败中藏着许多宝贵的经验和教训，比书本上的经验真实有效。

4 **失败可以磨炼意志**

　　经历过失败的人，懂得从哪里跌倒在哪里爬起来，心理更坚强、更有韧性，能更坦然地面对失败。

成长问答 >> 失败是一笔宝贵的财富吗?

在这个世界上,每一个人都会经历失败。如果经受不住失败的打击,那么失败就成了精神负担;如果将失败看成是一笔精神财富,把失败的痛苦化作动力,那么失败便是一种收获。

在日本,有一个"失败学会",拥有大量学员。他们定期举行研讨会,分析失败案例,寻找失败原因,鼓励学员向失败学习,从而培养了许多成功人士。我们也要敢于向失败学习,因为失败能让我们重新认识自己,了解自己的实力,在失败中总结经验教训,这样更容易成功。爱迪生说:"失败也是我需要的,它与成功一样对我有价值。"

给自己颁发一个"失败奖"

我们在生活和学习过程中遇到失败是难免的。有时候,我们绞尽脑汁也找不到答案,刻苦努力也不能取得好成绩。这时,我们会觉得自己好失败呀,心里很难过。但是,我们可以换一个角度想,失败也不是坏事呀,它让我们知道,这样做是错的,应该有正确的方法,我们可以去找找正确的方法,这就是一个不断探索的过程。我们可以给自己颁发一个"失败奖",鼓励自己继续努力,踩着失败追求成功。

31

提升抗击挫折的能力

　　我们班今天去郊游，出门时我忘了把食物和水装入背包，妈妈也没有提醒我。结果一天下来，我充分体验了一回又饥又渴的感觉。以前出门，都是妈妈替我做好所有的事情，从来不需要我操心。这次妈妈让我做主，还就真的出差错了。通过这次的事我知道了，以后出门前，要先列一个物品清单，照着清单收拾，就不会再忘记带东西了。

　　这个经历虽然让自己受了苦，但也让自己学会了准备行装。我们成长过程中的任何经历都是宝贵的经验，所以不要害怕，放手去做吧！即使受了委屈，遇了挫折也没有关系，因为这些经历锻炼了自己，以后就会少走弯路了。

成长中的烦恼

妈妈没有帮我装好吃的喝的，今天惨了。

妈妈故意不帮助我，想饿死我呀？

我真是又难受又生气。

　　不能把所有事情都交给妈妈，自己能做的事情就要自己做，这样才能锻炼自己的自立能力，以后做事情心里就更有把握了。

我会这样想

1
　　妈妈说好了让我自己做主，看来我还是没有经验呀，下次不会忘记了。

2
　　这件事告诉我了一个道理，做任何事情之前都要做好准备，否则只有受苦的份儿。

3
　　吃一堑长一智，这句话说得太对了。我们老祖宗真是有智慧呀。

第五篇　用积极情绪化解压力和挫折　**141**

① 坦然面对挫折

当遇到挫折时,这样想,谁都不可能做任何事情都很顺利、很成功,出现挫折是正常的。接受生活中有挫折存在,这样就能坦然面对挫折了。

② 积极想办法解决问题

遇到挫折时,不要抱怨,要积极想办法解决问题。只要自己不懈努力,总能找到解决问题的方法。

③ 学会反思

出现挫折不可怕,关键要善于反思,善于总结经验教训。在这个基础上做事,就会少走弯路。

④ 提升自己的能力

出现挫折,许多时候与我们的能力和经验不足有关。主动提升自己的能力,多做事锻炼自己,以后出现挫折的概率就会降低。

　　无论遇到什么挫折，都先别着急，先接受它。然后分析一下为什么会遇到这些挫折，是自己的能力不足，或者是自己的经验不够，又或者是事情太难，自己没有办法做好这些事情？经过总结，就可以知己知彼，知道自己应该从哪些方面努力了。这样，自己的能力就慢慢提高了。在这个过程中，挫折就是我们的陪练，帮助我们锻炼自己。越锻炼，我们就越能干。

　　另外，自己的期望值要与自己的实力相匹配。如果期望值太高，自己怎么努力都实现不了，就需要调整期望值，使自己经过努力可以实现，避免让自己陷入挫败情绪中。

每一个人心里都有一把魔剑

　　从前，有一个懦夫，想让自己变得勇敢起来，就报名到专门培养胆量的"杀兽"学校学习。学校的校长是有名的魔术师莫里，他对懦夫说："你不必担心，我给你一把魔剑，可以对付任何凶恶的怪兽。"懦夫听了很高兴。在训练中，他用这把魔剑杀死了很多模拟的怪兽。要毕业考试了，他将面对真正的怪兽。当他冲到山洞口，看到怪兽露出狰狞的面目时，他发现自己拿的是一把普通的剑。如果后退只会被怪兽吃掉，于是，他挥舞着这把剑与怪兽搏斗，并杀死了怪兽。这时，校长莫里笑了，说："没有一把剑是魔剑，唯一的魔力在你的心里。"懦夫终于明白了，是自己的勇敢精神战胜了怪兽。

32

战胜心中的怯懦

　　我爸爸想让我学习游泳。说游泳不仅能锻炼身体，还是一项逃生本领，在遇到水灾时可以自救。但是我游泳时呛过水，心里有点儿害怕，就不想再学习游泳了。爸爸说："不要被经验局限住，战胜怯懦，你完全可以游得很好。"这可怎么办呢？

　　爸爸说得有道理。我们往往被曾经的经验给吓唬住，再也不敢去尝试了。这都是怯懦在作怪，它是住在我们心里的胆小鬼，不用怕它。拿破仑·希尔说过："一个人成长中唯一的限制，就是自己心中的那个限制。"打破内心的局限，敢于挑战自己，就能战胜内心的胆小鬼。战胜它了，也就不会再害怕了。

我因为呛过水，一想到游泳就害怕。

我永远不会去学游泳了。

爸爸非让我去学游泳，真讨厌。

　　怯懦是不敢面对压力和挑战的逃避心理，这种心理无助于问题的解决，反而会使自己胆小怕事，不敢面对困难。打败怯懦的唯一方法就是正视问题，接受挑战。

我会这样想

　　以前呛过水，是因为没有经验。如果掌握了方法，还是可以学会的。

1

　　学会游泳可以锻炼身体，还是一种自救的本领，谁都需要多掌握一些本领。

2

　　爸爸让我学习游泳，是对我负责。不怕，克服心理障碍，自己一定行。

3

① 让勇敢的"我"变强大

我们每个人身上，都有两个"我"。一个勇敢的"我"，一个懦弱的"我"。当勇敢的"我"占上风时，我们就敢于去挑战困难。所以我们要给勇敢的"我"加油，让他越来越强大。

② 改变对困难的认知

当懦弱的"我"占上风时，我们就不敢面对困难。总是说，我做不到，我不敢去尝试。其实这是一种心理障碍，是我们自己把困难想象成了不能逾越的巨大障碍。只要大胆去面对困难，就会发现困难并没有想象中那么可怕，自己完全能搞定。

③ 打破自我设置的障碍

要想成为了不起的人，就要让勇敢的"我"打破自我设置的障碍，勇敢、自信地多去尝试。失败了，又能怎么样呢？至少自己努力过，失败了也没有关系。在不断地经历过程中，自己会越来越自信。

我们很多同学是被爸爸妈妈呵护着长大的，很少独自一个人面对困难。但是我们不可能一直生活在爸爸妈妈的保护区里，必须学会迎战困难。怎么办呢？这就要求我们在心里生出勇敢精神，走出舒适区，去挑战困难。当我们真的这样做时，潜能就被调动起来了，我们DNA里应对困难的能力就会涌现出来。等我们顺利完成任务时，内心就会自信很多。原来，自己真的很棒！

小贴士 TIPS　做一个敢于"吃螃蟹"的人

相传几千年前，江河湖泊里面有一种八足甲壳虫，不仅偷吃稻谷，还用前爪伤人，被人们称为"夹人虫"。大禹到江南治水时，派巴解做督工。巴解看到很多人被夹人虫夹伤，就想了一个办法。他让人在城周围挖出一条水沟，往沟里灌进沸水。于是夹人虫纷纷跌入沟里烫死了。被烫死的夹人虫浑身通红，散发出诱人的香味。巴解就把一只夹人虫掰开，大胆地尝了一口，发现味道居然很鲜美。于是夹人虫就变成了一道美食。大家为了感激巴解，就把夹人虫叫"螃蟹"，以纪念他是天下第一个吃螃蟹的人。

33 做一个内心强大的自己

在演讲比赛的颁奖礼上，我和竞争对手都站在那儿等候结果。当评委念出对手的名字时，她兴奋地欢呼着。我真诚地拥抱了她，向她表示祝贺。主持人对我说："你其实也非常出色，现场有很多人都为欣赏你而来。下一次你一定能成功。"我说："没关系。我在比赛中学到了很多，这就是我最大的收获。"

说得对，比赛过程的经历才是最大的收获。只要努力了，结果不重要。我们在成长过程中，总会遇到一些挫折。将挫折当成朋友和陪练，练就坚强的内心，比获奖更有意义。

我没有获奖，好失落。

别人会不会嘲笑我？

妈妈会不会对我失望？

爱迪生发明灯泡，失败了 1600 次。但他没有认为自己失败了，而是认为自己证明了那些材质不适合做灯丝用。我们要学习爱迪生的精神，做一个内心强大的自己。

我会这样想

比赛的经历比结果更重要。亲身经历的东西才能成为真正的财富。

1

做自己的事，不用在意别人怎么想。我们不是为了别人的想法而活着。

2

妈妈看中的是我的学习态度和进步程度，只要努力了，妈妈就会为我骄傲。

3

1 **每一个人都有能力战胜挫折**

　　相信自己的能力，只要努力一定能够成功。成功从来都眷顾有自信的人。

2 **在尝试中提升自己**

　　在尝试任何事情的过程中，主动想办法解决问题，就提高了思维能力和应变能力，也增加了试错和改错的机会，锻炼了自己。这个过程非常重要，哪怕有可能失败，也能锻炼自己，提升自己的能力。

3 **发挥自己的优势**

　　每个人都在某一方面拥有天赋，要充分发挥自己的优势，使自己在这方面更优秀，弥补自己在别的方面的不足，建立自信心。

成长问答 >> 不怕困难的孩子内心更强大吗?

我们都知道，山区的孩子都非常坚强。他们身上有一种精神，就是不怕困难。无论生活如何艰难，他们都能用小小的身躯去承受。在困难面前，他们非常乐观、勇敢。其实，我们每一个孩子身上都具有这种勇敢的精神，只是我们平时面对的困难太少，没有机会锻炼自己。当我们有机会遇到困难时，就要有意识地锻炼自己。经过困难的磨砺，我们的内心就会更有韧性，性格也更坚强。接受困难，就是接受成长。

 小贴士 TIPS

逆商的高低决定着我们的未来

每个人在面对困难和挫折时，都会选择特定的方式处理眼前的困境，这种思维就是逆商。我们面对逆境时的反应能力，决定了我们逆商的高低。逆商的高低决定了我们的未来。逆商高的人内心世界更强大，不怕挫折和压力，在面对困境时能够自我激励、知难而进，做事更容易成功。而逆商低的人，内心比较脆弱，害怕困难和挫折，遇到困难绕着走，将来不大容易做大事。所以，培养我们的逆商，将为我们打开一个广阔的未来。

情绪问卷

1. 你平时有没有压力？你的压力是什么？

_____

_____

2. 你是不是善于管理压力？你管理压力的方法是什么？

_____

_____

3. 在一个新环境里，你能否快速交到好朋友？

_____

_____

4. 你遇到挫折时，能不能以平常心看待它？

_____

_____

5. 遇到难题时，你是主动想办法解决，还是放弃？

_____

_____

6. 你觉得自己是不是一个内心强大的人？

_____

_____